5G绽放

新应用 新业态 新模式

中国信息通信研究院◎主编

人民邮电出版社

北 京

图书在版编目（ＣＩＰ）数据

　　5G绽放：新应用　新业态　新模式 / 中国信息通信
研究院主编. -- 北京：人民邮电出版社，2023.6
　　ISBN 978-7-115-61575-6

　　Ⅰ．①5… Ⅱ．①中… Ⅲ．①第五代移动通信系统－
案例 Ⅳ．①TN929.538

　　中国国家版本馆CIP数据核字(2023)第060437号

　◆ 主　　编　中国信息通信研究院
　　　责任编辑　苏　萌
　　　责任印制　马振武
　◆ 人民邮电出版社出版发行　　北京市丰台区成寿寺路11号
　　　邮编　100164　电子邮件　315@ptpress.com.cn
　　　网址　https://www.ptpress.com.cn
　　　北京瑞禾彩色印刷有限公司印刷
　◆ 开本：690×970　1/16
　　　印张：15.5　　　　　　　　2023 年 6 月第 1 版
　　　字数：196 千字　　　　　　2023 年 6 月北京第 1 次印刷

　　　　　　　　　定价：99.80 元

读者服务热线：(010)81055493　印装质量热线：(010)81055316
　　　　　反盗版热线：(010)81055315
　　广告经营许可证：京东市监广登字 20170147 号

内容提要

　　本书面向"扬帆"行动计划的15个重点行业，汇集第5届"绽放杯"5G应用征集大赛中的39个具有代表性的获奖案例进行深度剖析。全书共分为4章，第1章综述了5G应用进展，第2章介绍了行业融合应用领域典型案例，第3章介绍了社会民生服务领域典型案例，第4章介绍了新型信息消费领域典型案例。本书进一步探索了5G应用需求、业务形态、商业模式等，为构建良好的5G应用生态奠定了基础。

　　本书适合从事5G应用项目相关的从业人员，包括电信运营商、电信设备制造商、5G应用解决方案提供商等企业的从业人员阅读。同时，本书可为地方政府和参与、关注5G融合应用的各垂直领域从业人员提供参考。

主编单位

中国信息通信研究院

参编单位

总　　体： 中国电信股份有限公司、中国移动通信集团有限公司、中国联合网络通信有限公司、华为技术有限公司、中兴通讯股份有限公司

工业互联网： 海洋石油工程股份有限公司、东方日升新能源股份有限公司、中核苏阀科技实业股份有限公司

智慧电力： 国网山东省电力公司青州市供电公司、潍坊五洲和兴电气有限公司青州分公司、山东卓阳电力科技有限公司、中国核电工程有限公司、亚信科技（中国）有限公司、国电内蒙古东胜热电有限公司

智能油气： 国家管网集团深圳天然气有限公司、国家石油天然气管网集团有限公司、国家石油天然气管网集团有限公司液化天然气接收站管理分公司、杭州市燃气集团有限公司、中国石油化工股份有限公司胜利油田分公司

智能采矿： 陕西延长石油（集团）有限责任公司、陕西延长石油矿业有限责任公司、陕西延长石油榆林可可盖煤业有限公司、江西铜业股份有限公司城门山铜矿

车 联 网： 河北交通投资集团有限公司、中国航空油料集团有限公司、中国航油集团物流有限公司、上海承飞航空特种设备有限公司、江苏交通控股有限公司、江苏现代路桥有限责任公司、徐工集团工程机械集团工程机械股份有限公司

智慧物流： 中通服咨询设计研究院有限公司、深圳美团科技有限公司、深圳信息通信研究院

智 慧 港 口：唐山港集团股份有限公司、天津港汇盛码头有限公司、北京安博动力科贸有限公司天津分公司、联通航美网络有限公司

智 慧 农 业：洛宁县人民政府、北京首溯科技有限公司、南京太和水稻种植专业合作社、江苏海州农业发展集团

智 慧 水 利：山东省水利厅、中国科学院空天信息创新研究院

智 慧 城 市：广东省消防救援总队、润建股份有限公司、深圳市水务（集团）有限公司、深圳市福田区工业和信息化局、深圳市龙华区工业和信息化局、安徽省公安厅

智 慧 教 育：河南警察学院、公安部第一研究所、西安交通大学

智 慧 医 疗：河北医科大学第一医院、广州医科大学附属市八医院、北京急救中心、北京远盟健康科技有限公司、东华医为科技有限公司

文 化 旅 游：深圳市华侨城花橙科技有限公司、华侨城（成都）投资有限公司、深圳微品致远信息科技有限公司、深圳技术大学、浙江大学艺术与考古学院、浙江大学城乡创意发展研究院、杭州求索文化科技有限公司、浙江浙旅投数字科技有限公司

信 息 消 费：山东顺和电子商务产业园有限责任公司、科大讯飞股份有限公司、中国服装科创研究院

融 合 媒 体：北京国际云转播科技有限公司、视伴科技（北京）有限公司

参编人员

主　　编：辛　伟　曹　磊　魏　冰　梁　鹏　韦柳融

参编人员：于　冬　于慧洋　马永亮　马宝军　马路遥　王小松　王小奇　王元昊
王凤华　王亚涛　王会峰　王亦菲　王贵根　王　亮　王　勇　王振波
王　堃　王　琳　王　琦　王　强　王　题　王　鑫　韦广林　尤士森
毛一年　孔　力　艾艳可　卢　晓　叶　青　叶郁文　叶树灵　田　超
付秀宁　白小华　白　云　包海伦　包祥文　吕日昇　朱泽东　朱　勇
乔治斌　任　峰　刘力然　刘文杰　刘玉明　刘玉娟　刘　冰　刘金鑫
刘建民　刘　晨　刘嘉薇　闫世宏　江雪明　许幸荣　许鹏拓　孙军涛
孙若愚　孙景刚　严茂胜　杜加懂　杜　斌　李　川　李　旭　李守卿
李林梅　李虎保　李国庆　李泽捷　李建明　李　珊　李　亮　李　颖
李　颖　杨　艺　杨立光　杨利彪　杨辛未　杨　剑　杨胜春　杨　鹏
肖　羽　吴海明　邱　学　何菁钦　何渝矩　辛荣寰　汪清仓　沈　璇
宋泽义　张小锐　张天静　张　东　张进军　张志刚　张青芝　张　林
张国平　张　亮　张海洋　张　蕴　陆晋军　陈　丹　陈　波　陈思竹
陈前进　陈　浩　陈　锴　范京道　罗强明　季　鸿　季　楠　金　潇
周　宏　周建明　周　洁　周　骏　单　凯　赵大峰　赵　彤　赵　晖
赵继城　赵添乘　赵　鹏　胡炳涛　段占南　侯玉娜　侯伟彬　姜　娅
姜清涛　祝　捷　胥　林　袁志刚　夏仕达　徐丙顺　徐兆龙　徐守峰
徐　军　徐昊伟　徐祎祎　徐燎原　高　旸　郭玉鑫　唐　涛　唐　超
唐　鹏　黄　迪　黄　波　黄晓鲁　黄海兵　黄　皓　黄腾飞　曹　璟
曹　蕾　崔　涛　梁本龙　屠宇飞　韩　坚　韩琳琰　韩智泉　智　勇
傅成龙　储乐平　樊　华　潘　秀

前言

2021年7月，工业和信息化部等10部门联合印发《5G应用"扬帆"行动计划（2021—2023年）》（简称"扬帆"行动计划），深入推进5G赋能千行百业。在国家和地方各级政策的指导下，产业各界协同推进我国5G应用创新发展、规模落地，助力数字化转型发展驶入快车道。目前，我国已建成全球规模最大的5G网络，形成支撑经济社会各行业数字化转型发展的信息通信基础设施，并逐步改变生产模式、改善生活方式。为进一步凸显5G赋能价值，促进各行业5G应用创新，工业和信息化部组织中国信息通信研究院、5G应用产业方阵、IMT-2020（5G）推进组、中国通信标准化协会等单位连续5年举办"绽放杯"5G应用征集大赛（简称"大赛"），取得积极成效。

在2022年举办的第五届大赛中，主办方共征集到28 560个5G应用案例，覆盖全国31个省、自治区、直辖市和香港特别行政区、澳门特别行政区，涉及近9000家单位，其中56%的案例实现"商业落地"和"解决方案可复制"。总体来看，5G应用在经济社会各领域逐步深入，开始规模化复制推广。

　　本书面向"扬帆"行动计划的15个重点行业，选取了全国总决赛及标杆赛中39个具有代表性的优秀5G应用实践案例进行展示，为社会各界展示5G行业融合应用探索成效，为产业各方更好地应用5G提供有价值的参考。

目录
CONTENTS

第一章 5G 应用进展综述

（一）5G应用进展成效显著   002

1. 5G 网络建设初具规模   002

2. 5G 用户规模持续增长   003

3. 5G 行业应用向纵深发展   003

4. 5G 融合应用标准初步构建   004

5. 5G 对经济社会影响持续增强   005

（二）"绽放杯"成为助力我国5G应用发展的品牌活动   006

1. 大赛有力推动了 5G 应用步伐的加快   006

2. 大赛积极促进 5G 技术产业发展不断成熟   008

3. 大赛助推 5G 在各行业、各地域的发展   011

第二章 行业融合应用领域

（一）5G+工业互联网   016

1. 天津海油工程：海洋油气装备制造"智能工厂"   016

2. 宁波东方日升：5G 云 XR 赋能未来工厂　　　　022

3. 苏州中核科技：显著提升效率和产品质量　　　　027

（二）5G+智慧电力　　　　032

1. 山东青州电力：5G 助力分布式光伏发展　　　　032

2. 浙江秦山核电站：全域 5G 边缘云专网赋能核电安全高效　　　　037

3. 内蒙古东胜热电：基于 5G 的智能化火电厂　　　　041

（三）5G+智能油气　　　　046

1. 国家管网：实现液化天然气智能化、安全生产　　　　046

2. 金卡智能：打造 5G 燃气产业大脑　　　　051

3. 胜利油田：5G 助力传统油井智慧化升级改造　　　　056

（四）5G+智能采矿　　　　060

1. 陕西延长石油：助力实现"打井不下井"智能化煤矿　　　　060

2. 江西城门山铜矿：基于 5G 的矿用车联网在露天矿山的实践　　　　065

（五）5G+车联网　　　　071

1. 雄安荣乌高速新线：智能化升级提升高速通行能力　　　　071

2. 上海承飞航空：依托 5G 实现智能化　　　　077

3. 江苏现代路桥：施工效率显著提升　　　　082

（六）5G+智慧物流　　　　087

1. 四川中通服：打造 5G+ 智慧仓储物流平台　　　　087

2. 深圳美团：基于 5G 的城市低空物流天路规模化应用　　　　092

（七）5G+智慧港口　　096

1. 唐山港：全场景助力信息交互效率、综合作业效率双提升　　096

2. 天津港：5G 赋能散杂货码头，实现减人增效　　101

（八）5G+智慧农业　　107

1. 洛宁金珠沙梨果园：智慧果园助力乡村振兴　　107

2. 南京太和农场：数字化助力稻米标准化生产　　113

3. 江苏海州农发：5G+ 北斗实现农场无人化高效作业　　119

（九）5G+智慧水利　　124

1. 山东水利：实现水库"雨水工情"预报调度一体化　　124

2. 山东黄河三角洲：助力水利生态保护智能高效决策　　130

第三章　社会民生服务领域

（一）5G+智慧城市　　138

1. 广东消防：网络、设备、数据三重融合助力智慧消防　　138

2. 深圳水务：5G 赋能城市水务高品质运营应用示范　　143

3. 安徽公安：5G 赋能智慧警务创新实战　　148

（二）5G+智慧教育　　153

1. 河南警察学院：助力实训降本、增效，提升服务能力　　153

2. 西安交通大学：教、考、评、管智慧化升级　　159

（三）5G+智慧医疗 165

1. 河北医科大学第一医院：打造 5G 数智化全景医院 165

2. 广州市八院：助力方舱医院智慧化、高效管理 171

3. 北京急救中心：紧急医疗救援 5G 急救系统集成项目 176

（四）5G+文化旅游 180

1. 深圳华侨城：消息体升级推动文旅企业创新发展 180

2. 浙江大学艺术与考古学院：5G 云 XR 助力名画新活力 184

3. 浙江旅游投资集团：畅享"在线红色资源" 188

第四章 新型信息消费领域

（一）5G+信息消费 196

1. 山东顺和直播：5G 打造创新直播新模式 196

2. 北京联通在线：5G 结合 AI 实现智能通话 200

3. 中国服装科创院：实现数字时尚产业创新 205

（二）5G+融合媒体 214

1. 四川自贡灯会："云观灯"重塑传统文化 214

2. 北京云转播科技：5G 打造冬奥场馆元宇宙 219

附录一 第五届"绽放杯"5G应用征集大赛数据分析 224

1. 项目数量成倍增长，各地应用"千帆竞航" 224

2. 应用发展纵深推进，与民生领域结合更加紧密 225

3. 成熟度进一步提升，近 4000 个项目进入可复制阶段   225

4. 技术能力不断提升，成为数字信息基础设施的创新引擎   226

5. 行业终端日益丰富，与行业需求适配度大幅提升   227

6. 产业生态逐渐繁荣，解决方案提供商参与度持续提升   229

附录二　缩略语   230

第一章

5G 应用
进展综述

（一）5G 应用进展成效显著

5G 商用 3 年来，我国政策环境持续优化，产业各方齐力推动，5G 发展逐渐驶入快车道，网络建设、技术标准、产业发展、应用创新取得积极成效，为赋能千行百业、带动经济社会高质量发展提供了有力保障和坚强支撑。

① 5G 网络建设初具规模

5G 网络基本完成城乡室外连续覆盖。根据工业和信息化部数据，截至 2022 年 12 月底，我国累计开通 5G 基站总数达 231.2 万个，占全球 5G 基站总数的 60% 以上。全国所有地市、县城城区和 97.7% 的乡镇镇区实现了 5G 网络覆盖，京津冀、长三角、珠三角等发达地区的发达行政村实现了 5G 网络覆盖。四大运营商不断深化共建共享。截至 2022 年 12 月，中国联通与中国电信共建共享网络累计开通 5G 基站数超过 99 万个，中国广电与中国移动共建共享 700 MHz 5G 基站数达 48 万个。

5G 行业虚拟专网呈现爆发式增长。随着 5G 与行业融合应用的不断深入，5G 行业虚拟专网持续演进，网络切片技术不断成熟，实现基于 5G 公网向行业用户提供满足其业务、安全需求的高质量专用虚拟网络。2022 年我国 5G 行业虚拟专网建设呈现爆发式增长，总数量突破 1 万个。

② 5G用户规模持续增长

5G个人市场的用户规模持续扩大。截至2022年12月底，我国5G移动电话用户达5.61亿户，5G移动电话用户占比达33.3%，大约是全球平均水平（12.1%）的2.75倍，用户发展领先全球水平；5G用户渗透率达32.2%，较2021年末提升10.6%，用户规模进一步扩大。根据GSMA（全球移动通信系统协会）、工业和信息化部数据，截至2022年9月底，全球5G用户达到8.53亿户，同比增长113.5%，在移动用户中渗透率达10.5%，我国5G用户占全球5G用户的比重为59.8%。

个人应用案例愈发丰富。依托深厚的5G用户基础，基础电信运营商围绕5G VoNR、超高清音视频通话、XR、AI等领域积极开拓5G个人应用。互联网企业开始探索XR、AI、超高清音视频通话在日常生活中的全新应用模式，旨在进一步提升用户体验。传媒企业积极推动5G+融媒体应用，创新产品内容和传播形式。

③ 5G行业应用向纵深发展

我国5G行业应用范围不断扩展。根据中国信息通信研究院数据，5G应用已覆盖国民经济97个大类中的40个，应用案例累计超过5万个。随着5G

与各行业应用融合不断走深向实，越来越多的行业涌现出极具标杆引领意义、示范推广价值的样板项目。

我国5G行业应用呈现梯次渗透特征。**一是**在制造业、矿山、医疗、能源、港口等5G应用的先导行业已实现规模复制，目前5G已在全国523家医疗机构、1796家工厂企业、201家采矿企业、256家电力企业中得到商业应用。**二是**在文旅、物流、教育、智慧城市等潜力行业，5G应用场景逐渐明晰，产业各方推动形成具有商业化价值的产品和解决方案。例如，5G在教育行业的典型应用覆盖教学、考试、评价、校园和区域管理环节，在教学环节实现5G+超高清直播互动课堂、5G+AR/VR沉浸式教学、5G+虚拟仿真实验/实训等应用场景。5G在智慧政务、智慧交通、智慧安防等智慧城市多方面实现融合服务，如5G照明灯杆、5G服务机器人、5G安防无人机等。此外，融媒体、金融、水利、农业等行业也在积极探索5G应用场景。

5G融合应用标准初步构建

5G与行业的融合应用标准取得初步进展。在共性技术标准方面，开展5G应用产业链相关研究及标准规划、制定与推广，如5G应用产业方阵（5GAIA）支撑中国通信标准化协会（CCSA）推动5G行业虚拟专网、5G行业终端模组重点标准研制。在融合应用标准方面，面向电力、医疗、工业、车联网等领域开展标准研究及立项工作，如中国通信标准化协会开展医疗、车联网领域的标准研制。同时，中国通信标准化协会联合工业互联网产业联盟，面向工业领域推进12项重点行业的应用场景及技术需求标准研制。此外，行业组织（如中国电力企业联合会、钢铁工业协会等）也在积极制定适合本行业特性的5G融合应用标准。

⑤ 5G 对经济社会影响持续增强

5G 推动新一代信息技术充分释放创新活力，赋能千行百业数字化转型升级，推动经济社会高端化、智能化、绿色化发展，为制造强国、网络强国、数字中国建设提供有力保障和坚强支撑。2022年5G商用迈上新台阶，对经济社会发展的赋能带动作用持续增强。据测算，2022年5G将直接带动经济总产出1.45万亿元，直接带动经济增加值约3929亿元，分别同比2021年增长12%和31%，间接带动总产出约3.49万亿元，间接带动经济增加值约1.27万亿元。其中，5G流量消费、信息服务消费，以及来自垂直行业的设备投资和服务支出的增长，成为直接经济产出和经济增加值增长贡献的主要来源。同时服务类消费占比提升，推动直接经济增加值增长更快。但手机消费支出的下降，抑制了增长率的提升，同时由于基数较大，也抑制了间接经济产出和间接经济增加值的增长。

（二）"绽放杯"成为助力我国 5G 应用发展的品牌活动

自2018年以来，为大力推动应用创新发展，工业和信息化部连续组织举办了5届"绽放杯"5G应用征集大赛（以下简称大赛），在行业内产生了显著影响。"绽放杯"已成为我国信息通信领域的品牌活动，在推动5G应用融合创新、凝聚各方力量、带动技术产业发展等方面发挥了积极作用。

大赛有力推动了5G应用步伐的加快

5G应用发展初期，无现成经验参考，存在应用场景不明确、配套产业不成熟、整体创新成本高等问题，企业使用5G技术的动力受到一定程度的抑制。大赛的设立为企业开展5G应用创新构建了一系列激励机制，促进企业积极探索5G在各行业应用的可能，加速5G技术向多行业领域渗透，推动5G应用取得快速发展。根据中国信息通信研究院的统计，大赛举办以来，参赛项目数量从2018年的334个增长到2022年的28 560个，涉及领域覆盖我国国民经济行业的40个大类。参赛单位数量从2018年的189家增长至2022年的9000余家，涉及通信运营企业、解决方案供应商、行业应用企业、科研院所/协会联盟、通信设备企业等多类主体，如图1-1所示。

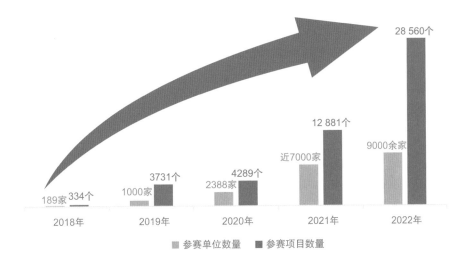

图 1-1　2018—2022 年"绽放杯"大赛参赛单位数量和参赛项目数量对比

（数据来源：中国信息通信研究院）

5G 应用产业生态逐渐繁荣。从第五届大赛参赛项目的申报主体上看，基础电信运营企业仍然是推动 5G 应用发展的主力军，参赛项目占比达到 61%。《5G 应用"扬帆"行动计划（2021—2023 年）》发布后，各地加快 5G 应用领域创新型企业培育工作，2022 年解决方案提供商的参与度继续提升，参赛项目占比接近 25%，再创新高，如图 1-2 所示。

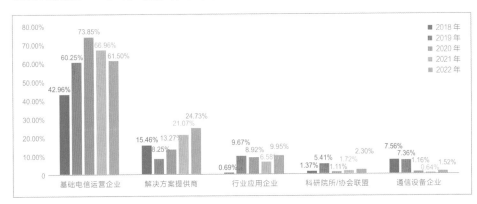

图 1-2　第五届"绽放杯"大赛参赛项目主体类型分布

（数据来源：中国信息通信研究院）

5G应用成熟度进一步提升。我国5G应用历经4年多的发展，在部分行业已经开始复制推广。通过对近5年所有参赛项目的横向分析来看，各领域5G应用落地成效较为明显，2022年已实现"商业落地"和"解决方案可复制"的项目数量占比超过了56%，比2021年提升了超7%，如图1-3所示。同时，2022年近4000个项目实现了"解决方案可复制"，与2021年的1874个可复制项目相比增长了113%，增长势头迅猛。5G应用规模化发展成效显著。

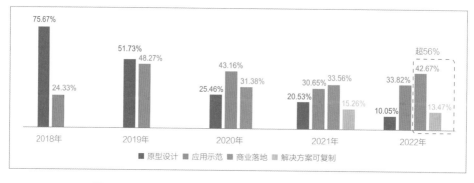

图1-3 2018—2022年"绽放杯"大赛项目成熟度对比

（数据来源：中国信息通信研究院）

2

大赛积极促进5G技术产业发展不断成熟

大赛通过设置专题赛道有效地引导并带动了相关技术产业升级。

5G应用技术能力不断提升。 各企业在积极参赛的过程中，不断进行技术创新，推动5G与边缘计算、云计算、人工智能、大数据等ICT关键技术的融合水平显著提升。同时，通过对大赛参赛项目所应用的技术进行统计发现，2022年的参赛项目中基于5G 虚拟专网、定位、授时和5G TSN、5G LAN 等R16和 R17最新标准的技术的参赛项目数量与往年相比有较大提升。其中，有超过62%的参赛项目采用了5G 行业虚拟专网，持续推动5G 技术能力的提升，如表1-1所示。

表1-1　第五届"绽放杯"大赛项目关键技术分析

5G 技术能力	使用率（2022年）
5G 行业虚拟专网	62%
定位	50%
上行增强	13%
5G LAN	8%
授时	2%
毫米波	2%
5G TSN	1%

（数据来源：中国信息通信研究院）

5G 应用行业终端类型日益丰富。历届大赛的推进促使各行各业对终端产品类型的需求逐步明确，基于5G 的行业特色终端创新继续加速，5G 行业终端类型更为丰富，并已发展出采集传输、控制执行和视频三大类5G 行业终端。

基于5G 的采集传输及控制执行类终端逐步实现行业定制化，如图1-4和图1-5所示。2022年采用5G CPE（用户驻地设备）的通用采集传输终端接入5G 网络的参赛项目占比为41.83%，相比2021年下降了8.48%。项目中出现了针对行业需求进行深度优化和剪裁的定制化模组及配套终端，未来将有更多基于 R17标准的针对低功耗、低成本、大连接和广覆盖应用场景进行适配的模组面向市场。

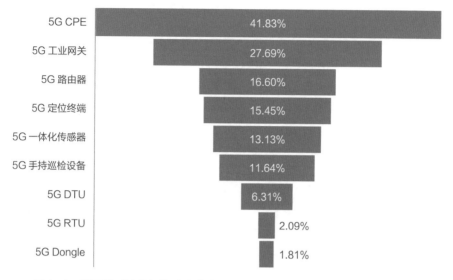

图1-4 第五届"绽放杯"大赛参赛项目应用终端类型分析(采集传输类)

(数据来源:中国信息通信研究院)

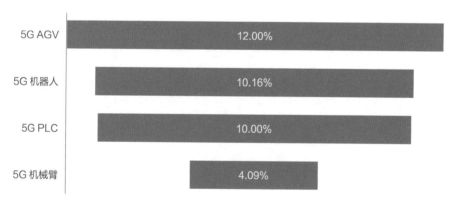

图1-5 第五届"绽放杯"大赛参赛项目应用终端类型分析(控制执行类)

(数据来源:中国信息通信研究院)

此外,基于5G的新型视频类终端的应用也越来越广泛,如图1-6所示。超过87%的项目使用了AR/VR/MR终端,主要应用领域包括信息消费(包括商业、娱乐等)、融合媒体和工业互联网。41%的项目使用了基于5G的摄像机/摄像头,主要应用领域包括信息消费、融合媒体、农业和工业互联网。

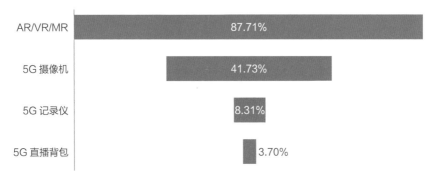

图1-6　第五届"绽放杯"大赛参赛项目应用终端类型分析（视频类）

（数据来源：中国信息通信研究院）

③ 大赛助推 5G 在各行业、各地域的发展

　　大赛通过持续设置区域赛及行业专题赛的方式，激发各方推动 5G 应用发展的积极性和创造性，凝聚各方力量促进 5G 应用深入发展。地域方面，区域赛拉动地方 5G 应用发展，通过鼓励产业各方发挥地域优势，形成 5G 应用特色创新。据中国信息通信研究院统计，主办赛事的地域数量逐年递增，从2019年的5个增长到2022年的14个，带动参赛项目应用地从26个省级区域增长到31个省级区域，第五届大赛吸引了来自中国香港特别行政区和澳门特别行政区的项目参赛。行业方面，行业专题赛吸引了包括行业企业、解决方案供应企业及投融资企业的积极参与，逐步形成了行业需求侧与通信供给侧合作共赢的"团体赛"模式，合力推动 5G 行业融合应用不断走深向实。据中国信息通信研究院统计，各类专题赛事数量逐年递增，从2019年的8个增长到

2022年的28个。行业用户参与度逐步加深，获奖项目数量实现倍增，行业企业对5G应用的认可度提升明显。历届大赛基本情况统计如表1-2所示。

表1-2　历届大赛基本情况统计

	第一届	第二届	第三届	第四届	第五届
项目数量	334 个	3731 个	4289 个	12281 个	28560 个
应用地域（省 / 自治区 / 直辖市）	13 个	26 个	30 个	31 个	31 个
参与主体	189 家	1000 家	2388 家	近 7000 家	9000 余家
区域赛道数量	—	5	8	13	14
专题赛道数量	—	8	16	21	28

各地5G应用"千帆竞航"。通过对第五届大赛各赛道获得一等奖、二等奖、三等奖的1900余个项目进行分析发现，获奖项目来源集中在广东、北京、山东、浙江、河南、江苏和四川，7个省（市）的获奖项目数量占全部获奖项目数量的60%以上，如图1-7所示。

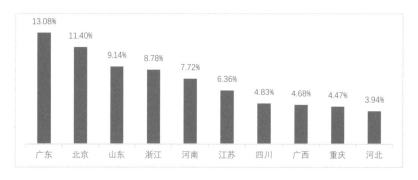

图1-7　第五届"绽放杯"大赛各赛道获奖项目来源分布（Top 10）

（数据来源：中国信息通信研究院）

总体来看，我国东部地区经济发达，5G发展基础较好，地方政府和企业高度重视，大众创新创业热情较高，获奖项目数量较多；而位于西部地区的省（自治区）虽然也涌现出了一批优秀的 5G 应用项目，但总体数量相对较少。未来，5G 将带动更多地区的经济发展，造福人民、服务社会。

各行业 5G 应用持续拓展。 在第五届大赛所有参赛项目中，智慧城市、工业互联网、信息消费、公共安全、智慧园区、文化旅游领域的参赛项目数量位居前 6 位，如图 1-8 所示。

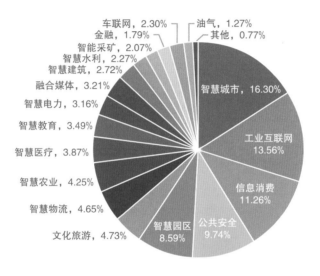

图 1-8　第五届"绽放杯"大赛参赛项目行业领域占比

（数据来源：中国信息通信研究院）

随着经济社会的发展，人们对数字化民生服务产品、个性化数字服务提出了更高、更迫切的需求。如何用 5G 改善民生，提升人民的获得感、幸福感、安全感，成为 5G 发展中的一个重要命题。相比 2021 年，5G 技术与民生服务领域的结合更加紧密。智慧城市、信息消费、公共安全、文化旅游领域 5G 应用数量大幅增加。智慧城市成为 2022 年的热点应用领域。

历届大赛遴选出一批技术创新优、应用效果好、复制推广性强的优秀 5G 应用项目，树立了千行百业的 5G 应用标杆，对推动 5G 与经济社会各行业融合创新、规模应用具有积极意义。

第二章

行业融合
应用领域

（一）5G+工业互联网

①

天津海油工程：
海洋油气装备制造"智能工厂"

所在地市：天津市

参与单位：海洋石油工程股份有限公司、中国联合网络通信有限公司天津市分公
司、中兴通讯股份有限公司、天津大学

技术特点：利用5G+DIMS，实现生产全流程的数字管控；利用5G+智能安全
帽，实现人员作业合规性监测；利用5G+AR/VR，实现人员远程协
作；利用5G+塔吊监控，保障塔吊安全工作；利用5G+能耗管控，
实现能耗数据实时监测

应用成效：型钢切割工效提升29%，型钢甲板片下料工效提升23%，工艺管线
工效提升22%；人员高空作业量减少33%，总装周期缩短50%

获奖等级：全国赛一等奖

🔵 案例背景

海洋石油工程股份有限公司在天津海洋工程智能制造基地投资建设了海油工程5G智能工厂，设计产能为钢结构加工量每年8.4万吨，达产后年产值约40亿元。该工厂定位于打造集海洋工程建造、油气田运维保障及海洋工程创新研发等功能为一体的综合性高端智能制造基地。

传统的海油工程生产车间多采用人工装配工艺和工业以太网通信模式，导致海油工程行业在数字化转型过程中存在两大痛点：**一是**生产数据碎片化严重，各环节协同性不足，导致生产效率低；**二是**生产作业涉及高空等环境，安全风险高。为解决上述痛点，海洋石油工程股份有限公司联合中国联合网络通信有限公司天津市分公司、中兴通讯股份有限公司、天津大学等单位，利用5G网络的大带宽、低时延等特性，落地12项5G应用场景，实现海油工程5G智能工厂，助力海洋工程装备智能制造发展。

🔵 解决方案

海油工程5G智能工厂构建"1+2+2+*N*"网络架构，由一张独立可靠的网络、两个分析处理平台、两大生产环节、多个智慧业务场景组成。其中，网络层通过部署下沉式UPF以及网络切片，组建了一张5G行业虚拟专网；平台层搭建了"5G大数据工业大脑"和"5G+数字孪生"两个平台，为应用层的5G智慧生产、5G智慧总装两大环节提供海量数据分析及处理能力，赋能5G+智能仓储、5G+视觉质检、5G+AGV运输等多个智慧应用场景。海油工程5G智能工厂总体架构如图2-1所示。

🔵 应用场景

海油工程5G智能工厂已在4条智慧产线落地了12个5G应用场景，覆盖生产和总装环节。

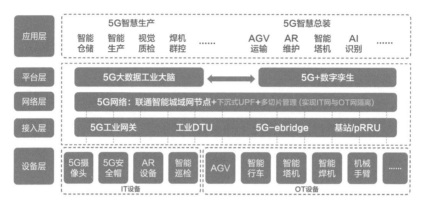

图2-1　海油工程5G智能工厂总体架构

● **5G+DIMS：数字管控生产全流程**

　　在传统海油装备生产制造中，由于不同设备厂家之间通信接口不同、协议多样化，设计、仓储、生产等环节的数据无法贯通，存在数据孤岛问题。海油工程5G智能工厂通过更换设备传输数据接口或装配5G模组等方式对现有生产设备进行改造，将各环节的数据通过5G网络汇聚到DIMS中，打通了各环节的数据，工作人员使用PAD登录DIMS即可完成数据的快速接发，实现生产全流程的数字管控，如图2-2所示。该场景改变了员工伏案整理数据、管理人员现场监督的工作方式，有效降低了人力成本，提高了管理效率。

图2-2　5G+DIMS实现生产全流程的数字管控

● 5G+智能安全帽：提升工业作业合规性

生产人员佩戴的智能安全帽配有摄像头及北斗定位功能，安全帽采集作业现场的操作图像、位置等信息，通过5G网络实时回传到在线指挥调度平台。指挥调度平台内嵌智能算法，可实现对人员操作行为、厂区环境风险等情况的实时监控、分析及报警，大幅提升作业安全合规性。

● 5G+AR/VR 远程协作：实时解决生产问题

信息采集操作人员在总装生产过程中遇到问题时，可通过5G网络将问题信息实时传输给技术人员，结合 AR 技术及 AR 智能设备构建虚拟模型，使远程指导的技术人员可实时看到虚拟的现场作业画面，并通过语音通信、视频通信、AR 实时标注等功能进行远程协作，如图2-3所示。该场景解决了一线操作人员寻找技术支持难的问题，缩短了问题处理时间，提高了生产效率。

图2-3 基于5G+AR/VR 的远程协作

● 5G+塔吊监控：提高塔吊安全监控能力

塔吊上安装的高清摄像头和 PLC 设备采集相关数据信息，通过5G CPE 将采集到的视频流和 PLC 控制流实时回传到中控室的塔吊监控系统，操作人员在中控室根据现场情况，通过设备操控系统可实现塔吊的远程遥控，完成减速、停机等操作,如图2-4所示。该场景有效改善了原有操作塔吊的模式,为塔吊工作安全性提供保障。

图2-4 基于5G远程遥控塔吊的应用场景图

● 5G+能耗管控:实现能耗数据实时监测

海油工程5G智能工厂充分利用5G低时延、广连接的特性,将3万个移动点位采集的数据、780个重点能耗设备监测的数据,通过5G网络传输给能耗监测系统。能耗监测系统通过数据分析,计算出适宜的空气负荷,实时自动调节空气负荷,构建绿色、低碳、智慧的基地能源管控体系,如图2-5所示。该场景替换了原有人工统计方式,实现了快速、准确统计工厂水电数据,整体工作效率得以提升。

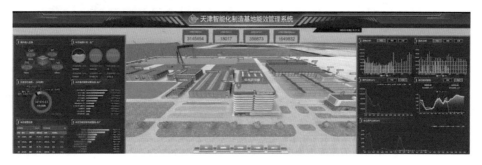

图2-5 基于5G的能耗监测系统应用场景图

● 应用效果与推广前景

　　该案例的5G应用主要取得了两大成效：**一是**生产制造可视化，操作人员通过远程协作及时解决生产现场问题，提高型钢切割、型钢甲板片下料等环节的工作效率；**二是**安全监控智能化，实现人员作业合规性监测、塔吊工作现场监控及能耗数据监测，使人员高空作业量减少33%，降低了安全风险。海油工程5G智能工厂将为国内100多家海洋工程装备制造企业提供可复制、可推广、可借鉴的5G智能工厂新模式，促进海洋工程装备制造业实现从"海工制造"向"海工智造"的高质量跨越式发展。

② 宁波东方日升：5G 云 XR 赋能未来工厂

所在地市：浙江省宁波市

参与单位：中国移动通信集团浙江有限公司宁波分公司、东方日升新能源股份有限公司、中兴通讯股份有限公司

技术特点：利用5G+AGV，实现智能物流无人化运转；利用5G+AI，实现24小时自动光伏质检；利用5G+数据采集，打通数据孤岛；利用5G+元宇宙，降低培训安装成本

应用成效：场地部署成本降低85%；缺陷检测点从45个提升到了94个，误判率从4%降低至0.8%；铺设网线距离减少近10千米，单台设备搬迁周期从1周缩减至1天

获奖等级：全国赛二等奖

● 案例背景

东方日升新能源股份有限公司（以下简称"东方日升"）是光伏行业的全球龙头企业，从事太阳能电池片、太阳能组件的生产和研发，产品远销欧美、南非和东南亚等30多个国家和地区。

东方日升作为新能源产品制造企业，在数字化转型过程中存在三个痛点：**一是**光伏设备和终端种类繁杂，终端数量多达1.2万套，传统网络难以满足大量终端设备的接入需求；**二是**光伏电站分布广且分散，培训、安装、维护费用高，每年相关费用超过2400万元；**三是**光伏产品缺陷检测点多，质检较难且人工质检易造成二次损伤。为解决上述痛点，东方日升联合中国移动

通信集团浙江有限公司宁波分公司和中兴通讯股份有限公司，通过高效稳定的5G行业虚拟专网打通工厂数据流，探索5G创新应用，打造元宇宙工厂。

● 解决方案

东方日升建设覆盖六大生产基地的5G行业虚拟专网，构建了跨基地协同的5G网络。通过在生产基地部署入驻式UPF，实现对时延要求较高的应用部署；通过跨地市、跨省、跨国专线上报至总部的方式，实现对时延要求较低的应用部署。此外，本案例将网络运维管理平台部署至东方日升内部，实现对网络质量的自主监控。跨基地协同的5G网络架构如图2-6所示。

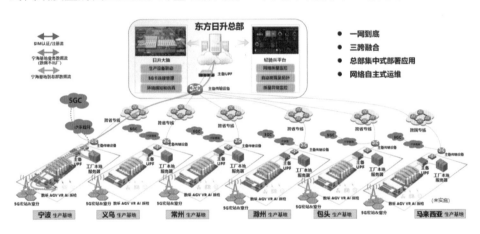

图2-6 跨基地协同的5G网络架构

● 应用场景

东方日升基于跨基地协同的5G网络累计连接1840台5G终端，实现了智慧物流、智慧质检、数据采集、智慧培训等5G应用场景。

● 5G+AGV：实现智能物流无人化运转

在插取式、移载式、托盘式等不同类型的AGV设备上部署内置5G模组，通过5G网络将设备、库存等信息传输到中央仓系统，工人只需在工作台进行简单的操作即可驱动AGV实现自动入库、出库、产线自动上下料、产品下线电梯运输等智能物流操作,实现全厂区无人化的物料运转,如图2-7所示。该场景可实现设备状态和库存信息与仓储管理系统的对接,实时反馈库存及设备运转情况。目前,东方日升已部署超过530台5G AGV,该场景可降低85%的场地部署成本,节约100%企业的周转人力成本。

图2-7　5G+AGV 智能物流

● 5G+AI:提升光伏产品质检环节效率

东方日升部署了15条5G+AI质检产线,利用5G网络大带宽、低时延的特性,将每张300MB以上的照片实时上传至边缘云平台,平台通过算法分析照片完成对产品的自动质检,满足了"8秒以内节拍"的生产需求,如图2-8所示。该场景使检验模式由30%人工抽检变为100%自动全检,节省了37%的质检人力;此外,该场景使缺陷检测点从45个提升到了94个,误判率从4%降低至0.8%。据测算,质检每年可减少人力成本5760万元。

● 5G+数据采集:全设备纳管打通数据孤岛

通过5G工业网关或内置5G模组的方式,产线互联类、智慧运送类和智慧物流类设备通过5G网络对接至MES等各业务系统,如图2-9所示。相

图2-8　5G+AI质检实现光伏产品全自动检验

对原有使用 Wi-Fi 网络接入的方式，5G 网络接入的设备密度更大，实现了
12 700 多台设备、500多条产线的互联。据测算，20万平方米的大型车间可以
减少铺设近10千米网线，单台设备搬迁周期从1周缩减至1天。

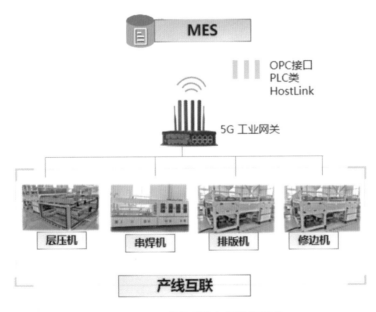

图2-9　5G+数据采集打通数据孤岛

● 5G+元宇宙：节约培训安装成本

该场景打造了5G元宇宙光伏培训馆，使用5G网络结合VR/AR技术，将边缘云上存储的业务场景元宇宙课程渲染到现实世界中，可模拟光伏电站安装、运维等完整的操作过程，实现沉浸式远程培训，如图2-10所示。此外，专家可通过VR/AR模型指导站点安装工作，不仅减少专家出行次数、节约人力成本，还提高了技术指导的响应速度。

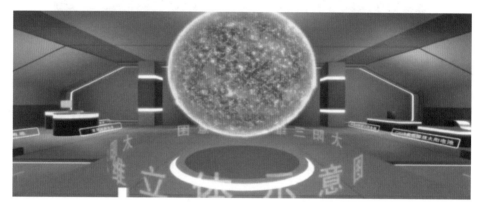

图2-10　5G+元宇宙实现沉浸式远程培训

● 应用效果与推广前景

该案例的5G应用主要取得了两大成效：**一是**生产制造智能化，通过物料周转无人化、产品质检自动化、数据孤岛联通化，提高生产效率，节约人力成本；**二是**培训远程化，通过搭建元宇宙光伏培训馆，节约培训安装成本。通过打造5G+未来工厂，东方日升实现了降本增效，同时该案例也提升了光伏行业智能化水平。

③

苏州中核科技：显著提升效率和产品质量

所在地市： 江苏省苏州市

参与单位： 中国电信股份有限公司苏州分公司、中核苏阀科技实业股份有限公司、中兴通讯股份有限公司、中通服咨询设计研究院有限公司

技术特点： 利用5G数字化产线，实现阀门柔性生产；利用5G+设备协同，实现设备联动；利用5G+阀门机器视觉检测，提升产品质检效率；利用5G+设备预测维护，降低运维成本

应用成效： 阀门加工效率提升3倍以上；焊接效率提升80%，焊接一次合格率提升至98%；阀门轴线检测精度达±0.01mm，检测效率提升50%

获奖等级： 全国赛二等奖

● 案例背景

中核苏阀科技实业股份有限公司（简称"中核科技"）是一家集工业阀门研发、设计、制造及销售为一体的科技型制造企业，其生产的阀门产品被广泛地应用于炼油、化工、电力、医药、造纸、环保、食品、采矿、液化气、给排水和工业机械等领域。

中核科技作为大型阀门制造企业，在数字化转型中存在两大痛点：**一是**高端阀门制造具有国产化需求，对网络安全可靠性要求高；**二是**企业原有信息化系统繁多，存在数据孤岛问题。为解决上述痛点，中核科技联合中国电信股份有限公司苏州分公司等单位，将5G网络的高带宽、低时延特性与实际生产场景相结合，规划了十大类、20余项5G+工业互联网应用场景，并已实

现13个应用场景落地,有效助力企业实现数字化转型。

🌐 解决方案

中核科技探索阀门企业数字化转型,打造了5G+工业互联网安全融合网络。在厂区建设5G行业虚拟专网,并对5个车间进行设备数字化技术改造,完成设备联网及数据采集,为MES提供设备基础运行数据,如图2-11所示。在运营端引入CRM、PLM等管理系统,实现从车间生产层到计划管理层、资源管理层的信息化管理,如图2-12所示。依托云平台,构建了具备AI、大数据分析能力的核心平台层,拉通中核科技内部信息流,实现多项阀门业务5G应用创新。

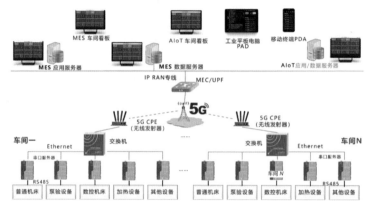

图2-11　5G网络组网架构

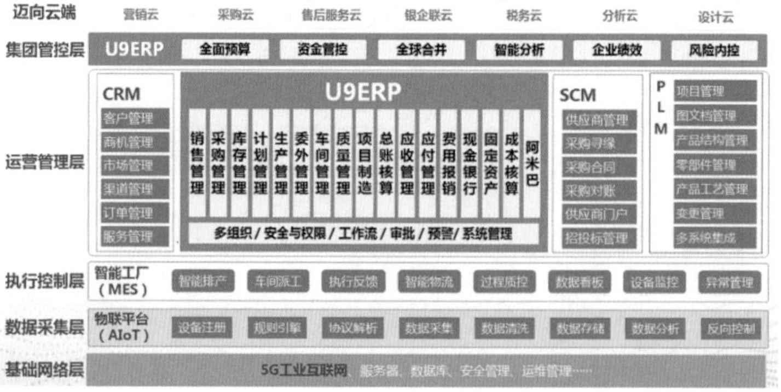

图2-12　解决方案架构

● 应用场景

中核科技苏州5G全连接工厂，利用5G网络实现了协同研发、柔性制造、机器质检、智能物流、现场监测等13个5G应用场景，涵盖了研发设计、生产制造、检测监测、仓储物流和运营管理5个环节。

● 5G+数字化产线：实现阀门柔性生产

该场景将多种锻钢阀体加工设备通过5G网络接入控制系统，将加工设备进行锻钢阀体生产的全过程运行组态画面，通过5G网络传输至控制系统，通过控制系统远程监控每个环节的动态加工过程及状态，精确调整加工参数并控制加工设备操作，实现全自动上下料、智能焊接、全自动研磨等多种智能加工手段，仅一次装夹就可完成焊前加工、全自动焊接、精加工、全自动研磨、检测等多个阀体加工步骤，整体加工效率相比普通设备提升3倍以上，如图2-13所示。此外，该场景大幅减少人工作业，减少人员配置70%以上。

图2-13 基于5G的锻钢阀体数字化产线

● 5G+设备协同：提升设备联动作业效率

智能焊接设备使用5G CPE，通过5G网络与体座智能焊接系统进行实时交互，系统根据阀门规格自动调取对应的焊接程序，并将焊接调度指令通过5G网络下发给焊接设备，实现小口径阀门深孔智能化焊接，大幅提升焊接质量，焊接效率提升80%，从而降低了工人劳动强度，如图2-14所示。

图2-14　基于5G的体座智能焊接系统

● 5G+阀门机器视觉检测：提升产品质检效率

在车间质量管控关键工序环节，通过5G网络将高清相机拍摄的阀门三通道图像传输至视觉检测系统，系统根据不同规格阀门判定算法，通过视觉检测三通道轴线位置度，快速判断阀门装夹质量，检测精度达到±0.01mm，整个检测过程仅需2s，如图2-15所示。视

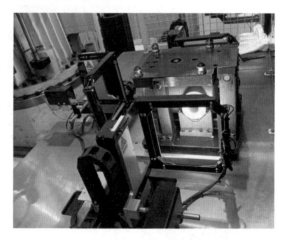

图2-15　5G+阀门机器视觉检测系统

觉检测系统将质量检测数据通过5G网络上传至MES，通过系统质量管理模块自动统计并生成质量管控图表，为管理人员提供实时、详细的质量分析报告，改善质量管控方法。

● 5G+设备预测维护：大幅降低运维成本

在生产车间智能生产设备上安装 RS-485 无线通信模块，通过5G 网络将采集到的数据实时上传至管理平台，并在车间电子大屏上显示设备运行状态，管理人员可实时远程监控生产车间的设备状况，即时查询设备使用状态和维护保养计划，实现生产设备的可视化、透明化管理，如图2-16所示。当设备使用一定时间后，系统会根据预设的设备维护保养计划，自动推送设备维护保养预警信息，设备管理员可根据设备维护保养预警信息及时进行相关处理。

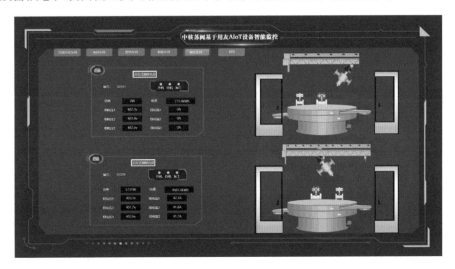

图2-16　车间电子大屏实时监控设备运行状况

● 应用效果与推广前景

该案例的5G 应用主要取得了三大成效：**一是**助力设备协同柔性化，提高锻钢阀体生产效率，提高阀门焊接效率；**二是**提升了产品质检环节效率，检测精度达到 ±0.01mm；**三是**实现运营维护智能化，基于5G 的设备预测性维护，大幅降低运维成本。目前，该案例已在中核科技商用部署，未来将持续加深5G 与智能制造的创新融合，在煤炭、燃气等行业的高端阀门领域进行复制推广。

（二）5G+智慧电力

1

山东青州电力：5G 助力分布式光伏发展

所在地市： 山东省潍坊市

参与单位： 国网山东省电力公司青州市供电公司、中国联合网络通信有限公司潍坊市分公司、潍坊五洲和兴电气有限公司青州分公司、山东卓阳电力科技有限公司、华为技术有限公司山东代表处

技术特点： 利用5G 软硬切片，满足电力业务和运维业务需求；利用集成了远动机+纵向加密+5G 模组+AGC 等功能的多合一并网终端，实现光伏发电的智能柔性调控；利用5G+ 算力基站+ 网络切片技术，实现无人机巡检、视频监控、AR 远程协助等服务

应用成效： 分布式光伏电站并网费用降低87%；可调控容量增加了196%；巡检准确率提升37%；使青州每年减少二氧化碳排放量近5万吨；实现发电增收1900多万元

获奖等级： 全国赛一等奖

● 案例背景

国网山东省电力公司青州市供电公司（简称"青州电力"）位于山东省潍坊市青州市，目前具有23座分布式光伏电站和212个台区，总装机容量约260兆瓦。

青州电力的分布式光伏新增装机容量每年以12.8%的速度增长，大量光伏电站的接入给电网安全稳定运行带来了巨大的挑战。为解决分布式光伏数量多、分布广、运维管理难的痛点，中国联合网络通信有限公司潍坊市分公司联合国网山东省电力公司青州市供电公司选择潍坊市青州市作为首批分布式光伏5G并网试点，共同打造5G助力分布式光伏应用发展项目，以科技助力实现"双碳"目标。

● 解决方案

青州电力采用"端、网、业"一体化的解决方案。在终端侧，采用集5G模组、纵向加密、远动机、AGC于一体的5G多合一并网终端。在网络侧，针对青州当地多山的地理环境，使用900MHz、2.1GHz、3.5GHz三个频段进行混合立体组网，保证了偏远地区的5G信号覆盖。在业务侧，根据不同的业务需求，采用"一网双切片"方案，对安全要求较高的调度并网业务，通过高安全性的5G硬切片替代光纤专网，接入国网生产控制大区；对带宽、时延要求更高的运维业务，通过5G软切片替代4G网络，使无人机巡检、AR运维等智能化应用获得更好的体验。5G分布式光伏项目整体架构如图2-17所示。

● 应用场景

该案例通过5G行业虚拟专网满足青州电力和运维公司的业务需求。在生产调度网中，5G赋能柔性化精准调控，保障电网稳定运行；在运维管理网中，5G软切片使能光伏电站运维管理，实现运维数据规模化集中监控、智能化运维。

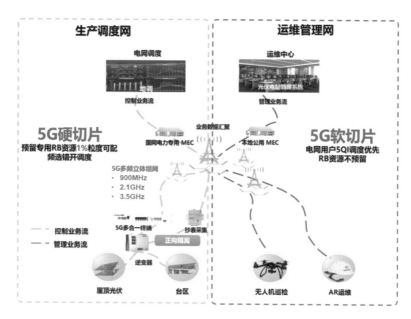

图2-17 5G分布式光伏项目整体架构

● 5G+光伏调控：5G多合一终端降低并网成本

分布式光伏通过5G网络接入调度系统，采用集成了5G模组、纵向加密、远动机、AGC等功能的多合一并网终端，设备进一步集约化，如图2-18所示。终端通过5G电力硬切片专网，连接调度主站安全接入区，从而实现

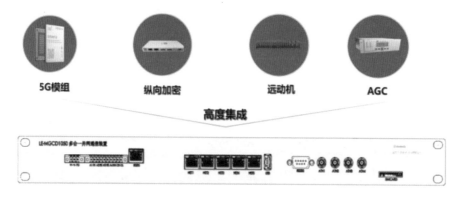

图2-18 5G多合一并网终端

和调度主站专网通信，采集站内运行状态的模拟量和状态量，监视并向调度主站上传，执行调度主站发往分站的控制和调节命令，最终实现"遥信、遥测、遥控、遥调"功能。与光纤方案相比，单点位接入成本下降近90%。目前已在青州通过5G多合一并网终端将235个站点接入调度系统，可调控容量增加了196%，削峰填谷成效明显，大大提升了电网的稳定性。

● 5G+无人机巡检：大幅度提升巡检效率

在巡检工作中，通过5G+AI控制＋无人机全自动机场+AI热斑分析＋故障精确定位等技术，实现了从"手持设备巡检"到"无人机自动巡检"的转变。无人机搭载红外和可见光两种摄像头，通过5G软切片虚拟专网接入无人机巡检管理系统，利用5G网络大带宽、低时延、高可靠等特性，自动采集组件图像并实时回传，通过边缘计算应用平台实现故障分析并生成检测报告，如图2-19所示。5G与无人机的结合突破地形限制，在屋顶、山坡等复杂环境大展身手，与传统人工巡检方式相比，巡检准确率提升37%，故障率降低3%。

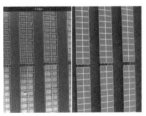

（a）5G无人机自动飞行系统　　　（b）巡检路线规划　　　（c）故障检测

图2-19　无人机巡检管理系统

● 5G+AR远程运维：提升专家资源利用率

在运维工作中，采用5G+AR远程运维替代专家到现场运维的方式。工作人员佩戴AR智能眼镜，通过5G软切片专网接入运维管理系统，利用5G大带宽、低时延等特性，将第一视角视频实时拍传，为专家提供超清视频画质并实现沉浸式交互体验。专家端可向现场工作人员推送实时画面标记、发起线上语音沟通，也可传输本地文档、图片、视频等技术资料，如图2-20所示。该场景可快速帮助现场人员解决问题，极大地减少了专家的交通成本和沟通成本，使专家资源得到充分利用。与传统方式相比，故障维修时间缩短40%，人工成本降低30%，作业出错率降低60%。

图2-20 专家远程指导维修场景

🌑 应用效果与推广前景

该案例的5G应用主要取得了三大成效：**一是**提升了调控效率，通过使用5G多合一并网终端，降低单点位接入成本90%，增加可调控容量196%，削峰填谷成效明显，大大提升了电网的稳定性。**二是**提升了运维效率，提升巡检准确率37%，5G AR远程运维缩短故障维修时间40%，提升了专家资源的利用率；**三是**带动乡村振兴发展，该案例使青州每年减少二氧化碳排放量近5万吨，实现发电增收1900多万元。目前，该案例已实现在国网山东省电力公司的全域复制，累计接入终端2.3万个，并网效率提升了8倍以上，累计签约金额1.78亿元，节约投资152亿元。

②
浙江秦山核电站：
全域5G 边缘云专网赋能核电安全高效

所在地市： 浙江省嘉兴市

参与单位： 中国移动通信集团浙江有限公司嘉兴分公司、中国核电工程有限公司、亚信科技（中国）有限公司、中移物联网有限公司、浙江移动信息系统集成有限公司

技术特点： 利用5G 视频集群调度系统，实现核岛内外多媒体通信；利用5G 高精度定位系统，实现核岛内部工作人员定位跟踪

应用成效： 通信效率提升50%；沟通成本降低50%；工作效率提升30%；人员定位效率提升60%；安全隐患降低30%

获奖等级： 全国赛一等奖

● 案例背景

秦山核电站是中国核工业集团有限公司的控股电厂，是第一座由中国自行设计、建造和运营管理的30万千瓦压水堆核电站，是国内核电机组数量最多、堆型最丰富、装机最大的核电基地。

秦山核电站目前在转型发展中存在两大痛点：**一是**核岛内部没有现代化的通信设备，核岛外部向内部传达消息只能通过单向广播的形式，现场沟通不畅；**二是**辐射区内工作人员无法定位、意外隐患无法掌控。为解决上述痛点，中国移动通信集团浙江有限公司联合秦山核电站、中国核电工程有限公司及合作伙伴积极探索智慧核电，破解核岛内辐射环境下的电磁兼容、防辐

射等基础难题，有效提升电厂智能化与数字化水平。

🔵 解决方案

秦山核电站部署了5G行业虚拟专网，在生产区和厂前区实现5G信号全覆盖；采用定制化5G核心网全量下沉至核电园区的方案，打造高效、安全、稳定的物理5G专网，并承载视频会议集群对讲、视频采集、人员定位、移动OA等应用。同时，5G专网设备满足核电厂电磁兼容性、耐辐照及核电信息安全等要求。秦山核电站5G行业虚拟专网总体架构如图2-21所示。

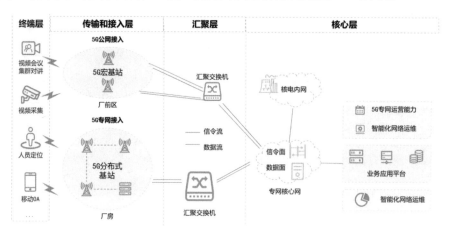

图2-21　秦山核电站5G行业虚拟专网总体架构

🔵 应用场景

基于5G行业虚拟专网，秦山核电站规划丰富的业务应用集成，包括生产控制类、采集类、移动物联类、视频监控类等，目前已实现5G可视化指挥调度、5G高精度定位应用场景落地。

● 5G可视化指挥调度：实现核岛内外多媒体通信

针对核岛现场没有现代化通信手段，仅使用单向广播、固定电话通信等痛点，5G可视化指挥调度系统实现了核岛内外多媒体通信，提高了协同效率。5G技术赋能多点视频会议及协同、远程在线指导等应用，实现核电厂端到端、多点、高清的通信，以及与内外部人员高效协作、可视化巡检、专家远程诊断问题、移动可视化作业等场景，提高了运维工作效率，如图2-22所示。目前，该场景提升广播通信效率50%，降低沟通成本50%，提升工作效率30%。

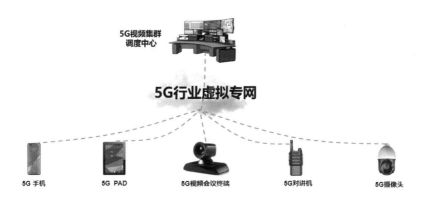

图2-22　5G视频集群调度系统拓扑图

● 5G 高精度定位：实现人员位置安全可管、可控、可追踪

针对辐射区内工作人员无法定位、意外隐患无法掌控等问题，该场景部署5G蓝牙定位基站，支持定位导航、预警等功能，实现对人员、车辆的定位和管理，满足核电厂安防、日常运维和检修等需求，实现"一网多用"，如图2-23所示。据测算，通过该场景可提升人员定位效率约60%，降低安全隐患约30%。

应用效果与推广前景

该案例的5G应用主要取得了三大成效：**一是**技术效益，该案例采用了符合核电电磁兼容性及耐辐射的5G基站（核岛辐射橙区使用寿命不小于5年），并推出同轴传输系统解决方案，极大地提升了上下行速率；**二是**商业效益，该案例已在中核集团落地，签约金额超8亿元，未来可向全国在运核电机组复

图2-23 5G高精度定位系统

制推广,市场金额超20亿元;**三是**社会效益,核电作为清洁能源,对于实现
"双碳"目标具有重要的推动作用,该案例相较于传统的火力发电,可以减少
二氧化碳排放量14万吨以上。该案例可复制到全国四大核电集团核基地、52
个机组,具有广阔的市场空间。

③
内蒙古东胜热电：基于5G的智能化火电厂

所在地市：内蒙古自治区鄂尔多斯市

参与单位：国家能源集团国电内蒙古东胜热电有限公司、中国电信股份有限公司
　　　　　内蒙古分公司、中国电信股份有限公司鄂尔多斯分公司、华为技术有
　　　　　限公司

技术特点：5G+工业控制，实现远程控制启动锅炉系统；5G+智能监测，实现
　　　　　生产数据实时监测；5G+安全应急，实现检修作业视频实时监控；
　　　　　5G+智能运维，实现生产现场设备的跑冒滴漏识别

应用成效：在应急作业检修、生产控制等方面，年创效约560万元；树立标杆，
　　　　　吸引33家企业现场观摩学习；已推广至北京、江苏、浙江等省市的6
　　　　　个电厂

获奖等级：全国赛二等奖

🔵 案例背景

国电内蒙古东胜热电有限公司（简称"东胜热电"）是中国国电集团公司、国电电力发展股份有限公司在内蒙古自治区建设的第一个火电项目。东胜热电以热、电、煤为主要市场，使用无燃油等离子点火系统，取消了燃油系统，是全球首家无燃油火力发电厂。

在"双碳"目标和"精细化管理"的要求下，燃煤火电厂面临复杂环境数据采集难、烟囱网络通信效率低、传统IT决策不闭环等问题。为解决上述问题，东胜热电联合中国电信股份有限公司内蒙古分公司、华为技术有限公司等开展

5G智慧火电厂项目，将5G与火电的生产和管理过程高度融合，实现减人增效。

🌑 解决方案

该案例采用5G定制行业虚拟专网SA组网模式，核心网采用ToB专用核心网，不受公网故障影响；边缘设备采用下沉部署的MEC设备，保障数据不出厂区和低时延的需求；采用网络切片方案，将生产网和管理网隔离到两个独立的数据通道，实现了差异化服务；网络安全方面，在各个防护域之间增设防火墙，阻止跨界非法的流量访问。系统网络架构如图2-24所示。

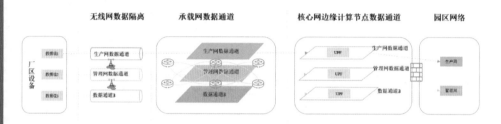

图2-24　系统网络架构

🌑 应用场景

东胜热电开展5G智慧火电厂项目，实现了5G+工业控制、5G+智能监测、5G+安全应急、5G+智能运维等业务场景应用。

● 5G+工业控制：实现远程控制启动锅炉系统

该场景实现了5G与大型分散工业控制系统融合。东胜热电基于5G网络连接了两套锅炉燃烧系统、给水系统的26套执行机构及15台设备，开展了单点式、多点式及系统性结合的远程设备控制联动测试，并进行上水启炉试验，实现启动锅炉系统的远程控制。该场景可实现每年节约网络链路铺设费50万元、节约人员施工费200万元。

● 5G+智能监测：实现生产数据实时监测

该场景在生产区域部署5G智能仪表，采集的数据通过5G网络传输至分布式控制系统，同时对数据质量、数据准确度及数据时延进行检验，确保各项参数符合国家标准。此外，将智能摄像头、智能机器人、巡检仪、个人穿戴设备等智能化设备接入5G网络，实现各类生产人员、智能化设备的互联互通及生产区域的智能监测，如图2-25和图2-26所示。该场景减少设备重大故障发生率35%，测点与视频监控加装工作量同比下降40%，降低运行人员操作量60%。

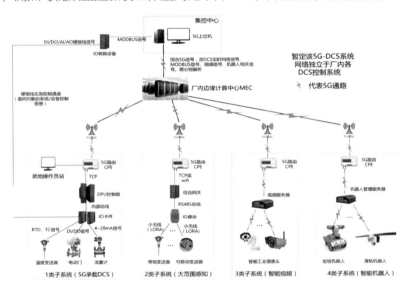

图2-25　5G+远程设备控制联动

图2-26　5G+仪表数据智能监测

● 5G+安全应急：实现检修作业视频实时监控

该场景基于5G网络大带宽特性，对受限空间下的高风险检修作业面进行实时视频监控，实现对人员安全、危化安全、高风险作业等的技术管控，实现在应急救援和快速处置情况下的人机协同和远程作业协助，如图2-27所示。该场景可缩短检修周期5.2天，每年可节约维护费用31万元。

图2-27　5G+检修作业视频实时监控

● 5G+智能运维：实现生产现场设备的跑冒滴漏识别

由于火力发电站生产现场设备缺陷，常出现跑冒滴漏（水雾、水滴、水流、酸碱溶液、油、蒸汽、烟气、灰粉、煤粉、水煤浆、火焰、电火花等）问题。该场景将跑冒滴漏识别算法写入28纳米FPGA芯片，基于智能芯片完成边缘计算和缺陷识别，无须服务器计算，可降低"跑冒滴漏"事故发生率0.24个百分点，每台机组的运行管理人员同比减少1人。

● 应用效果与推广前景

该案例建成投运以来，深度融入东胜热电的生产和管理，主要取得了两大成效：一是降低成本，5G+工业控制应用场景可每年节约网络链路铺设费

50万元、节约人员施工费200万元，5G+安全应急应用场景可每年节约维护费用31万元；**二是**提高效率，5G+智能监测应用场景可减少设备重大故障发生率35%，测点与视频监控加装工作量同比下降40%，降低运行人员操作量60%，5G+安全应急应用场景可缩短检修周期5.2天，5G+智能运维应用场景可降低"跑冒滴漏"事故发生率0.24百分点，每台机组的运行管理人员同比减少1人。本案例整体年创效约560万元，为国家能源集团旗下200多个、总计2.7亿千瓦发电厂树立标杆，目前已吸引33家企业近千人次现场观摩学习。该案例相关研究及应用成果已推广至北京、江苏、浙江等省市的6个电厂。

（三）5G+智能油气

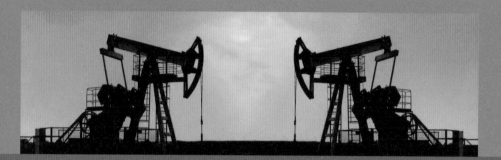

① 国家管网：实现液化天然气智能化、安全生产

所在地市： 广东省深圳市

参与单位： 国家管网集团深圳天然气有限公司、国家石油天然气管网集团有限公司、中国移动通信集团有限公司、国家石油天然气管网集团有限公司液化天然气接收站管理分公司、中国移动通信集团广东有限公司深圳分公司、中移（上海）信息通信科技有限公司

技术特点： 利用5G+挂轨机器人，实现槽车作业区24小时不间断智能监管；利用5G+移动布控球、巡检机器人和网联无人机，实现生产安全作业随时随地监管，提升险情处置效率，降低事故发生概率；通过5G+安全作业管理平台，实现作业无纸化办公

应用成效： LNG（液化天然气）接收站风险感知率提升70%；事故发生率降低50%；大幅降低员工劳动强度，人员需求减少30%

获奖等级： 全国赛一等奖

● 案例背景

国家石油天然气管网集团有限公司（以下简称"国家管网集团"）是世界上资产规模最大的油气管网公司，也是全国最大的 LNG 接收站运营商。国家管网集团作为国务院国有资产监督管理委员会监管的国有企业，主要从事油气干线管网及储气调峰等基础设施的投资建设和运营，负责干线管网互联互通和与社会管道联通，以及全国油气管网的运行调度。

LNG 接收站具有潜在的油气泄漏、火灾及爆炸危险，一旦发生事故将造成人员和财产的重大损失。LNG 接收站现场作业人员在执行作业过程中存在三大痛点：**一是**槽车区人多、车多，油气泄漏风险大，人工监管难度高；**二是**园区规模大，人工巡检效率低，动火、吊装等危险作业监管难；**三是**线下纸质流程审批、作业流程执行不彻底。为解决上述痛点，国家管网集团联合中国移动通信集团有限公司在天然气危险作业区部署 5G 行业虚拟专网，落地 10 余项 5G 工业互联网 + 安全生产应用，有效巩固提升了油气管道本质安全水平。

● 解决方案

该案例基于 5G 行业虚拟专网，通过对 5G 摄像机、5G 可穿戴设备、5G 智能防爆手机等各类 5G 终端设备的数据进行实时采集，实现对作业和巡检过程的实时视频监视和智能感知，真实、准确地反映现场作业过程，及时、完整地进行资料数字化归档，提高过程管控能力。利用 5G 网络的大带宽、低时延、大连接特性，LNG 企业在生产、安全、环保领域工作效率的提升效果将更为显著。基于 5G 行业虚拟专网的"工业互联网 + 安全生产"部署模式如图 2-28 所示。

● 应用场景

该案例依托 5G 行业虚拟专网，将 5G 与 LNG 接收站监管、巡检和作业等安全生产管理环节相结合，按照场景逐步推进 5G 应用落地，实现了作业许可的流程化、电子化，实现了现场监管的智能化、开放化，降低了作业人员

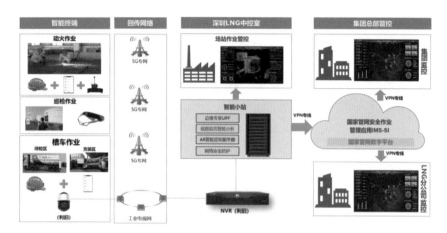

图2-28 基于5G行业虚拟专网的"工业互联网＋安全生产"部署模式

在风险区域的暴露频率，降低了作业现场违规行为的发生概率，提升了本质安全水平。

● **5G+挂轨机器人：监管更全面**

LNG接收站的槽车作业区范围大，高峰期每天拆装接头6000多次，60多人同时作业，油气泄漏风险大，人工监管难度高。该场景通过挂轨机器人对槽车作业区人、车进行360度24小时不间断监控，借助挂轨机器人连接的5G通信单元，通过5G行业虚拟专网实时回传监控数据，实时识别各类风险，快速感知微小泄漏，及时发现事故苗头，提升监管质量，如图2-29所示。

（a）5G摄像头 （b）监控画面

图2-29 基于5G的挂轨机器人现场监管

● **5G+无人化巡检：保障员工更安全**

LNG园区动火等危险作业，常出现不符合安全作业要求的违规情况，需要全面无死角监控。通过部署移动布控球、巡检机器人和网联无人机，代替人工巡检，如图2-30所示；通过5G行业虚拟专网实现巡检图像的实时回传及无人巡检设备的远程控制，结合人工智能算法，实现异常情况实时告警和全过程记录，降低员工巡检频次，大幅提升险情处置效率，降低事故发生概率。

图2-30　基于5G的移动布控球、巡检机器人和网联无人机实时巡检

● **5G+安全作业管理平台：让作业更合规**

LNG接收站站内动火、吊装等危险作业都需经过严格审批，传统方式是线下纸质流转，经常出现员工不会填、填写错误、资料归档难等问题。该场景通过5G双域虚拟专网，依托安全作业管理平台实现作业申请线上审批，将审批时间从2小时缩短至30分钟；依托5G防爆智能手机实时查看现场作业，让作业更高效、更安全，如图2-31所示。

图2-31　基于5G双域虚拟专网的现场作业

● 应用效果与推广前景

　　该案例的5G应用主要取得了三大成效：**一是**有效提升了LNG接收站的监管、巡检和作业效率，LNG接收站风险感知率提升70%；**二是**有效提升了安全生产水平，通过5G技术和数字化赋能，以安全为底线、将数字化贯通整个行为习惯、组织方式、作业方式、协同方式，使得事故发生率降低50%，有助于提升LNG接收站的本质安全水平；**三是**用工紧张情况逐步缓解，大幅降低了员工劳动强度，用工需求减少30%。目前，该案例已在广东大鹏、天津及南海LNG接收站开展复制工作，后续计划向全国30余座中大型LNG接收站进行推广。

② 金卡智能：打造5G 燃气产业大脑

所在地市： 浙江省杭州市

参与单位： 金卡智能集团股份有限公司、中国电信股份有限公司杭州分公司、中兴通讯股份有限公司、杭州市燃气集团有限公司

技术特点： 通过5G 行业虚拟专网打造"未来工厂"，生产5G 智能燃气终端；通过5G 广域网打造5G+燃气产业大脑，实现企业智慧安全运营；通过5G+燃气管网进行预警监测，保障管线安全；通过5G+智能监控，打造无人值守场站门站

应用成效： 工厂产能由每年600万台提升至800万台，综合生产效率提升20%，产品合格率提升至99.5% 以上；降低管网、场站巡检调度综合成本20%；燃气泄漏、爆炸事故发生率下降12%

获奖等级： 全国赛一等奖

● 案例背景

金卡智能集团股份有限公司（以下简称"金卡智能"）是全球领先的燃气计量设备制造商及解决方案供应商，致力于成为基于5G、物联网、云计算、人工智能等信息化和数字化技术的公共事业数字化设备提供商和解决方案提供商。

随着燃气使用范围的不断扩张、使用规模的快速增长，燃气安全问题日益凸显。作为传统行业，燃气企业亟须在保障安全的前提下追求自身发展。金卡智能燃气表终端面向全国市场客户，表具型号繁多，对生产节拍要求

高。改造现有产线、优化生产节拍、提高产品品质成为金卡工厂生产的核心痛点。为解决上述痛点，中国电信股份有限公司杭州分公司联合金卡智能，通过5G行业虚拟专网打造生产和运营能力双提升的"未来工厂"，生产5G智能燃气终端；通过5G广域网打造5G燃气产业大脑，构建智慧燃气生态运营体系，大幅提升燃气领域的治理能力，保障城市燃气安全。

🌑 解决方案

该案例通过5G行业虚拟专网打造"未来工厂"，实现产线柔性部署。通过打造5G智能化产线，实现制造全过程质检。打造5G燃气产业大脑，基于5G广连接特性与智能安全技术，赋能燃气运营企业实现现场终端接入，通过采集数据和智能分析，确保城市燃气安全稳定运营。网络方面，该案例以宏站与室分相结合的方式实现车间产线5G全覆盖，接入各类工厂生产设备，将UPF下沉至园区，通过MEC实现产线的高度柔性化部署。金卡智能智慧燃气5G应用总体方案如图2-32所示。

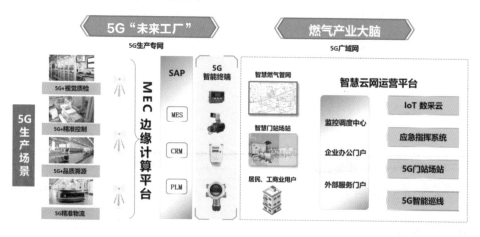

图2-32　金卡智能智慧燃气5G应用总体方案

🌑 应用场景

该案例将5G与燃气终端生产流程相结合，依托5G行业虚拟专网和MEC

实现传统工厂的数字化转型，打造"未来工厂"，生产5G智能燃气终端；将5G与燃气运营相结合，通过5G智能传感终端、5G摄像机等，实时监控场站门站、管网、用户现场的各类安全隐患，结合5G燃气产业大脑，将安全管理模式由被动防御变为主动感知，提升燃气安全运营效率及可靠性。

● 5G+"未来工厂"：生产5G智能燃气终端

该场景将5G与燃气终端生产的物料追踪、终端装配、产品检测和货物搬运的流程相结合，通过5G终端实现视觉质检、精准控制、品质溯源和精准物流，实现传统工厂的数字化、网络化、智能化转型升级，如图2-33所示。设备单台生产节拍从12秒压缩到9秒，工厂产能由每年600万台提升至800万台，综合生产效率提升20%，产品合格率提升至99.5%以上。

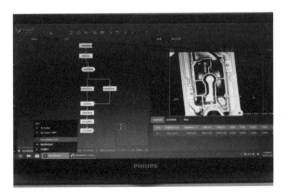

图2-33 基于5G的视觉质检、精准控制、品质溯源和精准物流

● **5G+燃气产业大脑：实现企业智慧安全运营**

该场景采用模块化架构设计，通过5G广连接的特性，实时监测"端-管-云"数据，实现现场终端接入、九大子系统集成，集智慧安全、智慧服务、智慧运营及智慧决策四位一体，将安全管理模式由被动防御变为主动感知，提升安全运营效率及可靠性，为燃气公司提供"一屏智管、一网统管"的运营模式。

● **5G+燃气管网运行预警监测：保障管线安全**

该场景通过5G广域网，汇聚5G智能传感终端实时采集的燃气管网数据，实时监测管网运行状态，使管网巡检效能提升25%，使第三方施工破坏发生率减少70%，隐患排查效率提升30%。让看不见的风险实时可见，切实守护城市安全生命线。

● **5G+智能监控：打造无人值守场站门站**

场站门站对安全违规零容忍，该场景利用5G大带宽、低时延的特性，结合AI技术，保障每路高清视频上行带宽，使安全违规行为减少70%。依托机器人实现24小时自动巡检，通过5G网络将智能流量计、在线色谱仪、温压采集器等收集到的监控数据实时回传，当有第三方入侵可实时报警，隐患监测的及时率达到100%，如图2-34所示。

图2-34　基于5G的智能监控应用

● 应用效果与推广前景

　　该案例的5G应用主要取得了三大成效：**一是**工厂生产效率显著提升，产能由每年600万台提升至800万台，综合生产效率提升20%，产品合格率提升至99.5%以上；**二是**管线运营成本降低，通过5G广域网打造5G燃气产业大脑，降低管网、场站巡检调度综合成本20%；**三是**安全进一步得以保障，该案例实现了3分钟出车、30分钟到达事故现场的"330标准"，施工安全事故发生率下降42%，燃气泄漏、爆炸事故发生率下降12%。目前，该案例已在1000多家燃气企业赋能推广，可满足大中小型燃气企业的管理诉求。以中小型燃气企业为例，为其提供SaaS服务，按需选配系统，业务部署时间从两年以上缩短至两个月以内，工作效率提升80%，节约成本超200万元，推广前景较好。

③

胜利油田：5G 助力传统油井智慧化升级改造

所在地市：山东省东营市

参与单位：中国石油化工股份有限公司胜利油田分公司、中国联合网络通信有限公司山东省分公司、中讯邮电咨询设计院有限公司、华为技术有限公司

技术特点：利用5G+高密度视频监控，实现油田现场安全生产智能监控；利用5G+数采远控，实现油井的稳定远程启停；利用5G+智能巡检，实现作业现场数据快速智能分析

应用成效：作业现场安全生产智能分析准确率提升到95%以上，平均提液日单耗每立方米能下降2.23kWh，日累计用电量降低60%

获奖等级：全国赛二等奖

● 案例背景

中国石油化工股份有限公司胜利油田分公司（简称"胜利油田"）是我国重要的石油工业基地，同时也是一家集勘探、开发、生产与集输于一体的大型能源企业，为区域经济社会发展做出了重要贡献。

胜利油田在数字化转型中面临网络部署难、数据采集不稳定、时延高的问题，导致关键设备远程控制难点多、自动化预警等智能应用无法实现，近年来，伴随着5G技术的融入，油区生产管理实现了科学化、精细化、集约化，助力采油管理区的提质增效。以中国联通的5G行业虚拟专网+MEC为基础，在油田全要素数据采集与关键设备远程控制上完成优化升级，实现5G+高密度视频监控、5G+数采远控、5G+智能巡检等应用，从而实现节能

降耗，降低运维成本，提高管理效率。

⬤ 解决方案

5G 智慧油井项目以算网融合一体化的 5G 行业虚拟专网为基础，通过 5G "超低时延、超高可用、超大上行、高精定位" 四大基线的 "胜利" 方案和高可靠的 5G 终端，在油田全要素数据采集与关键设备远程控制上进行优化升级，实现多种 5G 智慧化应用，从而实现节能降耗，降低运维成本，提高管理效率。5G 网络应用部署方案如图 2-35 所示。

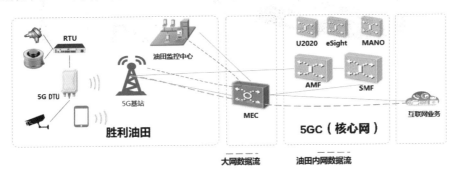

图 2-35 5G 网络应用部署方案

⬤ 应用场景

该案例逐步完成了油井的 5G 网络改造，并按照场景推进 5G 应用落地。截至 2022 年 12 月底，该案例已实现 5G+ 高密度视频监控、5G+ 数采远控、5G+ 智能巡检等场景应用，部署超过 1800 个 5G 行业终端。

● 5G+高密度视频监控：实现基于视频流的智慧油田智能应用

该场景依托 5G 大带宽、广连接的特性，实现在单个基站覆盖 150 口油井的高密度场景下高清视频（1080P）的稳定回传，杜绝丢帧、花屏等现象，基于视频流的安全生产效率得到有效提升，上行带宽提升 4 倍，流量密度提升 100 倍，通过 5G 网络传输的视频图像，智能分析准确率达 95% 以上，有效实现了胜利油田基于视频流的安全生产智能分析，同时为智慧油田智能化 AI 应用奠定了基础，如图2-36所示。

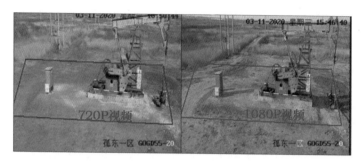

图2-36　基于5G的高密度视频监控

● **5G+数采远控：实现精准工控和节能降耗**

　　该场景依托5G低时延的特性实现了5G数据采集和精准工控，从而实现了油井的稳定远程启停，一键批量开停井的准确性显著提升。基于5G+智慧油气管理平台对每台采油机的状况进行智能化分析，计算出最佳的预停位置，经过多次训练建立模型来确保精准启停，避免了机械死点的同时，又可借助重力势能启动实现节能降耗，如图2-37所示。平均提液日单耗每立方米下降2.23kWh，日累计用电量降低60%。

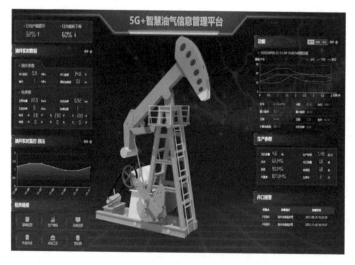

图2-37　基于5G的采油机远程控制

● 5G+智能巡检：实现管理优化和提质增效

该场景依托5G高速率、低时延的优势，智能巡检机器人在高速回传视频图像的同时，还可快速、准确地采集现场压力、流量、液位、甲烷含量等数据并进行智能分析，可有效降低一线作业人员的劳动强度和危险指数，能够有效降低运维成本，全面提升企业数字化运维能力，如图2-38所示。

图2-38　基于5G的智能巡检机器人

应用效果与推广前景

该案例的5G应用主要取得了两大成效：**一是**通过5G网络大带宽的特性，传输高清视频图像，将基于视频流的作业现场安全生产智能分析准确率提升到95%以上；**二是**依托5G网络低时延的特性，对采油机的运行状态进行实时监控，同步开展远程精准控制，实现节能降耗，平均提液日单耗每立方米下降2.23kWh，日累计用电量降低60%。目前，该案例已在多个采油厂复制推广，打造了1700多口智慧油井，部署了4900多个5G终端。5G网络结合机器视觉、人工智能、云平台等技术，打造了立体的、多元化的智慧油田系统，助力油气能源企业转型升级。绿色环保方面，5G应用实现采油过程中的节能降耗和绿色减排，助力实现"双碳"目标。安全保障方面，项目的安全性和高可靠性有效补强了油田生产的各个环节，为保障国家能源安全注入新的力量。

（四）5G+ 智能采矿

①

陕西延长石油：
助力实现"打井不下井"智能化煤矿

所在地市：陕西省榆林市

参与单位：陕西延长石油矿业有限责任公司、陕西延长石油榆林可可盖煤业有限
公司、中国联合网络通信有限公司陕西省分公司、中国联合网络通信
有限公司榆林市分公司

技术特点：利用无源、随挂随用电磁超表面定向加强信号工业试验，实现了灵活
部署并解决了井下安全问题；利用5G+UWB本安型融合基站，实现
智能掘进机器人5G信号全覆盖

应用成效：节省井下5G基站投资80%以上；实现用工人数、作业时间减少
50%；材料消耗节约15%以上

获奖等级：全国赛一等奖

● 案例背景

可可盖煤矿是陕西延长石油（集团）有限责任公司在"十四五"期间的重点项目，煤炭可采储量达12亿吨，年产能为1000万吨，建设有主、副斜井，中央进、回风立井以及北一回风立井，全矿井采用分区式通风，属亚洲最大在建立井。建井阶段，可可盖煤矿研发了5G+斜井智能化掘进技术并进行了试验，实现装备成套化、作业流程自动化、控制方式智能化的系统集成方案，解决了穿越厚风积沙层装备始发、"探-掘-支-锚-运"一体化作业、智能化监控与施工优化等工程技术难题。

可可盖煤矿在智能化建井过程中存在两大痛点：**一是**建井设备的网络覆盖难以满足移动网络覆盖需求，大设备的组装工序线缆多、装卸周期长，造成组装工序的定位对接难，生产易造成返工；**二是**在打井施工过程中，掘进机器人的作业不能得到精准保障，从而制约了智能化建井的发展。为解决上述痛点，可可盖煤矿联合中国联合网络通信有限公司陕西省分公司等单位，建设了5G智能建井虚拟专网，实现了可可盖煤矿5G+智能化建井的成功落地。

● 解决方案

可可盖煤矿在井下开展了无源电磁超表面定向加强信号工业试验，实现井下无源、高安全电磁波定向加强中继应用研究，结合5G融合通信本安站的部署，建设了5G智能建井虚拟专网。5G网络部署架构如图2-39所示，图中红色线条表示已经完工的工程，黑色线条表示二期在建工程。

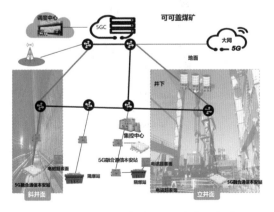

图2-39　可可盖煤矿5G网络部署架构

● 应用场景

该案例为支撑可可盖煤矿建井过程中敞开式全断面智能掘进机的精细控制组装、撑靴调整控制、钢拱架对接调整等场景的顺利落地，通过5G保障控制及定位的超低延时，在掘进机高效运行的同时大幅减少建井作业人员，使得煤炭资源快速供给成为可能。

● 5G无源电磁超表面设备井下铺设：保障井下设备通畅接入

该场景针对煤矿井下信号覆盖"横向冗余、纵向不足"的问题，引入无源、随挂随用的电磁超表面设备，信号通过中继后可以继续在井内覆盖，实现了灵活部署并解决了井下安全问题。该场景在盾构机操作室附近部署一套5G基站，解决了盾构机前部的机器人信号覆盖问题；在已掘好的巷道及盾构机后部部署无源电磁超表面设备，实现对5G信号的无源中继，确保盾构机后部机器人的信号覆盖，从而完成盾构机的5G信号全覆盖，保障建井"探-掘-支-锚-运"一体化协同作业，如图2-40所示。

图2-40 5G+智能超表面的快速部署

● 5G+大型设备组装：减时提效，保障组装不返工

该场景将定位设备与上位机通过5G网关与平台通信，利用5G网络替代工业总线，保障控制的超低时延，实现同步精度达到18 ms，实现对终端信息

的灵活配置，进一步助力高速调姿和同步定位。该场景满足建井阶段时延要求高的业务需求，如敞开式全断面硬岩掘进机的精细控制组装、掘进机掘进撑靴调整控制、钢拱架的对接调整等，如图2-41所示。该场景创造了敞开式全断面硬岩掘进机45天完成地面组装与步进的新纪录，总体节约时间50%以上，同时实现建井阶段的减人增效，整个建井时间由5年缩短为2年，使煤炭资源快速供给成为可能。

图2-41　基于5G的敞开式全断面硬岩掘进机快速组装

● **基于5G的自动控制喷混系统：保障井下施工定位精准、省时省料**

在煤矿现场建设5G+UWB本安型融合基站，结合图像时空定位实现双重复合定位，更好地保障建井过程定位工艺的稳定性及准确性，在喷混机器人自动追踪施工、锚杆机器人自动定点支护等场景下，实现省时、省料、不返工，如图2-42所示。该场景在锚网喷混的过程中精准定位，系统实现同步精度达到22ms，定位精度达到10 mm，用工人数、作业时间减少50%，材料消耗节约15%以上。

图2-42 基于5G的自动控制喷混系统

应用效果与推广前景

该案例的5G应用主要取得了三大成效：**一是**为提升采矿业整体信息化水平提供借鉴方案，以5G网络搭建为基石，推动5G网络全覆盖建设，实现多网络融合组网；**二是**提升了新建煤矿井筒效率，工期由53个月缩短为17个月，工期较传统工艺缩短70%，建井效率整体提升了3~5倍；**三是**降低了工程建设成本，直接节省费用约20亿元，工程产值超百亿元，验证了西部相似地质条件下"5G+智能化建井"的可行性。据统计，2020—2022年我国批复的45个新建矿井均分布在大西部（陕甘宁晋蒙新青），地质条件与可可盖煤矿相似，投资规模达1300多亿元，该案例复制推广前景较大。

② 江西城门山铜矿：
基于5G 的矿用车联网在露天矿山的实践

所在地市：江西省九江市

参与单位：江西铜业股份有限公司城门山铜矿、中国移动通信集团江西有限公司
九江分公司、山推工程机械股份有限公司、江西东锐机械有限公司、
徐州徐工矿业机械有限公司、青岛慧拓智能机器有限公司

技术特点：利用5G行业虚拟专网及边缘计算，实现矿区实时高清视频监控、矿
用机械设备的远程操控、运矿卡车的无人驾驶、无人称重及计量

应用成效：入选铜品位合格率提高11.34%；入选硫品位合格率提高4.43%；铰
卡台效提高3.84%；采剥柴油单耗降低5.32%；优化调整人员6人

获奖等级：全国赛二等奖

● 案例背景

江西铜业集团有限公司成立于1979年，是中国大型阴极铜生产商及品种
齐全的铜加工产品供应商，其下属的城门山铜矿位于江西省九江市柴桑区城
门乡联盟村，于2020年4月入选江西省2020年"5G+工业互联网"应用示范
企业公示名单。

根据江西省委省政府推进双"一号工程"的目标要求，城门山铜矿坚持
以数据为关键要素，以数字技术和实体经济深度融合为主线，着力推进数字
产业化和产业数字化。城门山铜矿紧紧围绕数字江铜顶层设计，致力于矿山
数字化转型。但在数字化转型中存在三大痛点：**一是**受到传统通信模式的速

率和时延限制，城门山铜矿在生产过程中应用到的高性能软硬件升级效果无法充分显现；**二是**城门山铜矿各生产及管理业务系统数据处于"孤岛"状态，未能实现不同系统之间的数据联动；**三是**当前无线网络安全及数据安全难以保障，导致无线网络未能与生产环节主要业务有机结合。该案例基于5G行业虚拟专网，创新建立穿孔、铲装、运输、排土全流程智能车联网平台，形成5G+矿用车联网在露天矿山的实践。

● 解决方案

城门山铜矿建设了一张5G行业虚拟专网，部署了一套入驻式边缘计算平台，利用5G技术，实现矿山设备的智能管控，满足矿山管控系统对大宽带及低时延的要求，实现控制精度达到厘米级的无人驾驶矿用大车、远程遥控推土机等真实作业场景。同时，结合人工智能、边缘计算技术，形成城门山铜矿的智能控制策略。对矿山设备的远程控制，不仅可以提高矿区作业安全系数和生产效率，而且可以与其进行交互操作，对于矿山科学管理、规划设计、灾害预警与反演等具有重要意义。城门山铜矿5G网络部署架构如图2-43所示。

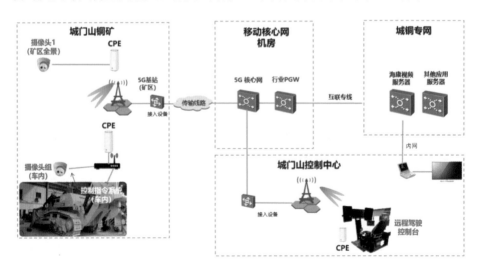

图2-43　城门山铜矿5G网络部署架构

🌀 应用场景

城门山铜矿的矿山生产包含采矿、运矿、磨矿、选矿等主要生产流程。矿山生产区域已全面覆盖5G网络，并应用到各个环节。在采矿环节，实现对钻机、挖机、推土机等设备的无人化改造，通过5G网络进行数据传输，实现矿用设备的远程控制；在运矿环节，通过对运矿卡车进行升级，实现无人驾驶；在磨矿和选矿环节，利用5G网络进行数据采集，实现过程的精准控制。

● 5G作业区全景业务监控：实现前端视频数据的实时回传

该场景在矿区作业区高点安装5G高清全景摄像头，通过5G网络实时将视频回传至综合楼内的监控中心大屏，由远程监控人员统一监管作业现场的画面，如图2-44所示。该场景利用5G网络传输实现视频画面无卡顿，网络在线率从95%提升到99.9%。

图2-44　矿区5G作业监控示意图

● 5G实时数据感知：大幅提升生产管理水平

该场景通过5G网络采集各类数据，基于GIS空间分析，对实时监测数据进行分类、聚合分析，并将数据以曲线、热力图等方式实时展示。该场景打通矿山数据，最大化挖掘并体现数据价值，使得矿山整体生产管理效率提升30%以上。

● 5G北斗边坡监测：实现矿山边坡安全生产零事故

依托5G低时延的特性，结合边缘计算、云边协同架构，基于高精度定位网络及5G网络，为边坡、传感器提供稳定、可靠的毫米级高精度定位差分数据服务，实现边坡监测点位现场数据的重采样管理、粗差剔除、实时预警等功能，保障边坡安全。该场景上线以来，边坡实现安全生产零事故。

● 5G矿山设备远程操控：实现采矿现场的无人化作业

该场景利用5G+远程操控系统，积极推进采矿设备智能化升级改造，在满足控制可交互的条件下，实现矿用设备的5G远程控制，逐步实现采矿设备的无人化作业升级。目前，该场景已实现钻机、挖机、推土机等设备的远程控制，开展了采矿现场无人化作业的实践，如图2-45～图2-47所示。该场景减少现场作业人员6名，提升了矿山安全生产水平。

图2-45　矿区推土机的5G远程操作现场

图2-46　矿区钻机的5G远程操作现场

图2-47　矿卡无人驾驶现场作业

● **5G+矿用车联网平台：提升整体生产效率**

该场景充分利用大数据、人工智能、无人驾驶、云计算、5G等技术，构建"云、网、边、端"系统构架，以矿山私有云为核心，5G专网为传输通道，边缘云为纽带，采矿设备智能化、无人化改造为落脚点，形成5G矿用车联网管控平台，提升了整体生产效率，实现了智能采矿新模式，如图2-48所示。

图2-48　矿用车联网管控平台监控画面

应用效果与推广前景

该案例的5G应用主要取得了三大成效：**一是**生产效率提升，入选铜品位合格率提高11.34%，入选硫品位合格率提高4.43%，铰卡台效提高3.84%，采剥柴油单耗降低5.32%；**二是**管理效率提升，数据的实时分析和展示，为管理人员提供第一手信息，为快速决策提供支撑依据；**三是**安全生产水平提高，现场作业6人被调整到后端岗位，进一步提升了矿山的安全生产水平。该案例的5G智慧矿山项目形成智能化、无人化采矿探索，为矿山无人化发展提供了参考。

（五）5G+ 车联网

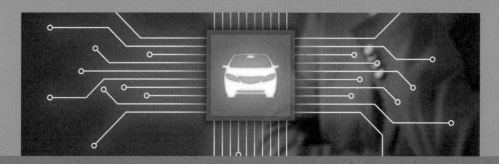

雄安荣乌高速新线：
智能化升级提升高速通行能力

所在地市：河北省雄安新区

参与单位：中国联合网络通信有限公司河北省分公司、河北交通投资集团有限公司、中国联合网络通信有限公司智能城市研究院

技术特点：利用5G+数字孪生，实现施工过程全透明；利用5G+北斗高精度定位，实现车道级主动管控；利用5G+高精度定位网络，实现全路段全息数字化养护；利用5G+C-V2X车路协同系统，实现全天候通行

应用成效：高速通行能力提升20%，高速运营收入每年增长7000万元；维护成本降低600万元；初次事故发生率降低30%

获奖等级：全国赛二等奖

🔵 案例背景

荣乌高速新线全长约73千米，投资约232.16亿元，途经河北省永清县、霸州市、固安县、高碑店市、定兴县，与京台高速交叉设置枢纽互通，是雄安新区"四纵三横"区域高速路网的重要组成路段。

传统高速公路运营存在四大痛点：**一是**由于建设工程量大、参与方较多，建设过程不透明，监管困难；**二是**高速管控感知薄弱、存在"数据烟囱"，导致管理不精准、投诉多；**三是**高速道路养护效率低、成本高，且危险性高；**四是**高速运营易受环境影响，司乘需求多样化，体验感亟须提升。为解决上述痛点，河北交通投资集团有限公司联合中国联合网络通信有限公司河北省分公司、中国联合网络通信有限公司智能城市研究院等单位，通过5G网络落地"建、管、养、运"四大智慧高速5G应用场景，提升高速通行效率，打造了智慧高速运营样板。

🔵 解决方案

荣乌高速新线5G网络采用"1+1+4"的整体解决方案，如图2-49所示。

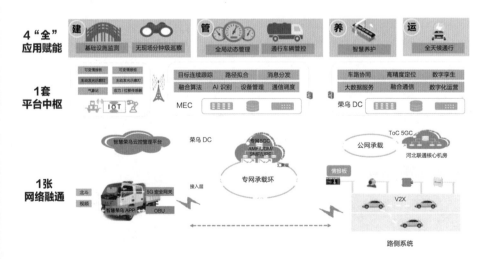

图2-49　荣乌高速新线"1+1+4"解决方案

搭建一张低时延、全线覆盖的荣乌高速新线5G网络，为智慧高速业务提供网络服务；构建一套大数据中心云控平台，集感知、互联、分析、预测及管控为一体，为数据分析提供依据；实现建设监管、精细管控、数字化养护、服务运营四大5G应用场景，赋能智慧高速业务。

● 应用场景

高速公路包含建设、管理、养护和运营4个方面，荣乌高速新线全线覆盖5G网络，融合数字孪生、高精度定位等技术，实现全生命周期"建"设监管、道路通行全方位精细"管"控、全路段全息数字化"养"护、全天候全时空信息服务"运"营。

● 5G+数字孪生：实现施工过程全透明

该场景利用5G网络大带宽、广连接的特性，实现终端与管控平台之间的大数据、高速率通信，使用北斗高精度定位终端，采集构件及施工人员的位置数据，使用应力、形变等传感器采集构件的健康状态信息，通过5G网络将高速全线60多万个构件、500多万条施工信息实时传输至管控平台。该应用场景构建高速公路建设监管新模式，实现在线"云监工"、云端可追溯，如图2-50所示。

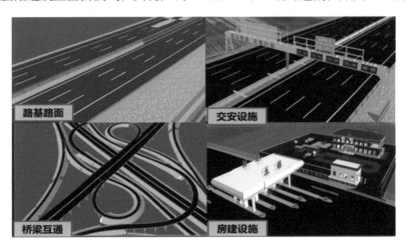

图2-50　5G+数字孪生实现建设进度可视化

● 5G+北斗高精度定位：实现车道级主动管控

该场景通过部署全线共2000多个控制单元和车载终端（OBU），将车辆位置、速度等行驶状态信息通过5G网络实时上传至荣乌高速新线智慧高速公路云控平台，构建了智慧高速实时数字孪生系统，实现道路交通态势全方位监管。通过云端多策略融合的协同式车道级主动控制算法，精准保障"两客一危"、作业人员及车辆通行安全，实现车道级变速控制及交通导引，如图2-51所示。

图2-51　5G+北斗高精度定位实现车道级变速控制及交通导引

● 5G+高精度定位网络：实现全路段全息数字化养护

该场景利用5G高精度定位网络实现定位，通过5G网络在不同系统之间传输数据，实现数字感知系统与应急指挥系统、高速运维系统的精准联通，提高运维决策效率、降低现场运营风险。采用复合传感器收集环境信息，通过5G网络将信息传输至数字感知系统的智能检测预警平台，通过人工智能算法，实现路面裂缝、坑槽等病害和路侧标志标牌的识别及准确定位，减轻人工巡检工作量，建立高频、快速、全覆盖的道路设施健康巡检体系，如

图2-52所示。

图2-52　智能检测预警平台实现全路段全息数字化养护

● **5G+C-V2X 车路协同系统：实现全天候通行**

在全路段部署全要素气象站、能见度检测器等检测设备，利用5G网络将气象信息实时传输至气象分析系统，精准感知天气状态。通过部署车路协同设备，使用5G网络构建5G+C-V2X车路协同系统，通过智慧荣乌App享受全时空、伴随式、车道级的交通管控和安全预警等驾驶信息服务，提升驾驶安全，实现全天候通行，如图2-53所示。2021年10月至2022年3月，相比同向高速，在能见度不足200米的大雾天气，封路情况减少9次。

图2-53　基于5G的全天候通行

应用效果与推广前景

该案例的5G应用主要取得了三大成效：一是5G+数字孪生可视化施工过

程增强了工程监管能力；**二是**5G+北斗高精度定位技术提升了运营效率，降低了维护成本，全年增加高速运营收入7000万元；**三是**5G+C-V2X车路协同系统提供驾驶信息服务，使初次事故发生率降低30%。目前，荣乌高速新线智慧高速项目在"建、管、养、运"四大环节落地了5G应用场景，促进了智慧高速公路产业在全息化智能感知、全天候通行控制等方面的发展。我国高速公路覆盖广、里程长，该案例依托5G应用积极推进了我国智慧高速公路的建设。

② 上海承飞航空：依托5G实现智能化

所在地市： 上海市

参与单位： 中国航空油料集团有限公司、中国航油集团物流有限公司、上海承飞航空特种设备有限公司、中国移动通信集团北京有限公司、中移系统集成有限公司

技术特点： 利用5G+网联自动驾驶特种车，实现特种车辆无人驾驶；利用5G+车载智能加注辅助装置，大幅降低人员劳动强度；利用5G+车载智能网联服务，大幅提高作业效率

应用成效： 驾驶安全性提升20%；加油作业效率提升50%，加油员劳动强度降低为原来的1/25；车辆及用工成本降低30%

获奖等级： 全国赛二等奖

● 案例背景

上海承飞航空特种设备有限公司（简称"上海承飞"）是中国航空油料集团有限公司（简称"中国航油"）特种车辆研发中心，是从事航空加油设备研发、制造和销售的企业，成立至今已为中国民航各机场提供了200多台各型管线加油车、罐式加油车、机坪地井清洗车、航油多功能作业车。

中国航油作为民航保障性企业，其传统航油加注业务中存在两大痛点：一是加油员劳动强度高，每天弯腰俯身、抬臂托举，体力消耗极大；二是后备员工匮乏，加油员平均年龄超过42岁，且多数员工有腰肌劳损的职业病。为解决上述痛点，上海承飞、中国航油联合中国航油集团物流有限公司、中

国移动通信集团北京有限公司、中移系统集成有限公司，将5G与作业场景相结合，用数字化代替传统加注模式，将80%以上人工作业改为自动化作业，实现了航油加注业务的转型升级。

解决方案

在网络侧，上海承飞实验场搭建了5G行业虚拟专网，通过定制DNN、网络切片等技术，提供端到端差异化网络连接服务能力；在云侧，上海承飞实验场部署了路侧边缘云、区域节点云、交通中心云，满足不同业务对网络速率、时延及可靠性的不同需求；在平台侧，上海承飞实验场构建了One Traffic平台，并搭载路侧算力服务、边缘信息服务、车路协同服务等核心能力及机坪万物互联的AI感知体系，实现了特种车调度、5G综合运营、特种车智能应用等场景，如图2-54和图2-55所示。

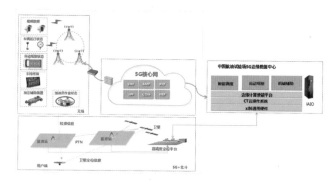

图2-54　上海承飞5G网络架构

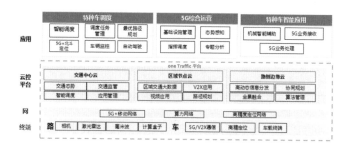

图2-55　上海承飞解决方案架构

● 应用场景

依托5G网络全覆盖的上海承飞试验场，开展5G在航油行业的创新应用，覆盖设施管理、车辆调度等环节，实现了5G+网联自动驾驶特种车、5G+车载智能加注辅助装置、5G+车载智能网联服务等场景。

● 5G+网联自动驾驶特种车：实现特种车辆无人驾驶

民用自动驾驶技术主要适用于一般车辆，航油特种保障车辆类型特殊，不能直接应用民用自动驾驶技术。该解决方案通过自主设计研发的特种车辆核心部件，结合北斗定位技术及光纤惯导技术，基于5G网络完成航油特种保障车辆的厘米级定位，实现机场复杂环境的自动驾驶高精度定位及安全驾驶，使加油员车辆驾驶强度降低80%，驾驶安全性提升20%，如图2-56所示。

图2-56　基于5G的航油特种保障车辆自动驾驶

● 5G+车载智能加注辅助装置：大幅降低人员劳动强度

通过在航油加注辅助装置部署5G摄像头，可将航油加注辅助装置信息上传至航油加注辅助装置管理平台，通过云端AI算法实现精细化柔性控制，辅助装置完成航油加注作业，如图2-57所示。该应用场景可突破机械臂易引起弹性变形而影响控制精度，以及户外复杂环境影响定位精确度等技术瓶颈，使加油员日均劳动强度从Ⅲ级（22.25）下降到Ⅰ级（0.88），极大地提升了作业效率。

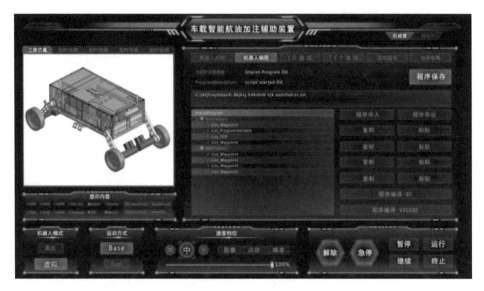

图2-57　航油加注辅助装置管理平台

● **5G+车载智能网联服务：大幅提高作业效率**

在车辆侧及路侧部署工业相机或激光扫描仪等设备，将拍摄的产品高清图像通过5G网络传输至云端控制平台，平台侧可实时获取车辆状态。云端部署基于机场交通规则的强化学习算法，可实时感知环境、预测目标运动趋势，从而完成障碍识别、全局路径规划等功能，实现机场特种保障车辆的网联服务，提高特种保障业务的效率，如图2-58所示。

图2-58　机场特种保障业务的网联服务平台

● 应用效果与推广前景

该案例的5G应用主要取得了三大成效：**一是**实现在复杂环境下自动驾驶的高精度定位及安全保障，驾驶安全性提升20%；**二是**实现辅助装置智能作业，使加油员日均劳动强度从Ⅲ级（22.25）下降到Ⅰ级（0.88），劳动强度降低为原来的1/25；**三是**实现机场特种保障车辆的网联服务，提高特种保障业务的效率。该案例加速了机场航油业务的数字化转型升级，实现航油加注业务的标准化、可视化、集成化、智能化，对我国机场航油智能化升级具有借鉴意义。

江苏现代路桥：施工效率显著提升

所在地市： 江苏省

参与单位： 中国移动通信集团江苏有限公司、江苏交通控股有限公司、江苏现代路桥有限责任公司、徐工集团工程机械股份有限公司、华为技术有限公司

技术特点： 利用5G+路基3D建模，实现路基设计参数自动整平；利用5G+机械集群协同管理，实现无人驾驶；利用5G+融合定位技术，实现隧道无人化施工

应用成效： 施工效率提升30%；单车油耗降低20%；60km试验路段减少二氧化碳排放量21.42吨；无人摊铺机集群帮助每年节约成本926.4万元

获奖等级： 全国赛三等奖

● 案例背景

江苏现代路桥有限责任公司是一家专业化养护工程企业，主营规划设计、试验检测、路面大中修、桥梁维修加固、日常养护等业务，主要负责苏南高速路网6座跨江大桥、28条高速公路的养护改扩建业务。

传统高速公路在施工作业过程中存在两大痛点：**一是**人工操作施工作业设备存在施工质量不可控的情况；**二是**施工作业效率有待提升，作业施工常导致长时间封闭高速公路，影响高速公路运营效率。为解决上述痛点，江苏现代路桥有限责任公司联合中国移动通信集团江苏有限公司、江苏交通控股有限公司、徐工集团工程机械股份有限公司、华为技术有限公司，将5G与

公路实际作业需求相结合，推动高速公路施工作业的智能化、无人化、数字化，达到"一人在线，十地动工"的效果。

● 解决方案

中国移动通信集团江苏有限公司建立了一张覆盖高速全路段的5G网络，可按需定制不同切片，满足公路全生命周期的不同网络服务需求，如图2-59所示；基于部署的MEC边缘云，构建了智慧施工管理平台，结合大数据技术，分析处理施工、养护等数据，江苏现代路桥有限责任公司联合徐工集团工程机械股份有限公司等其他单位实现加工、运输、摊铺养护、验收全流程的无人化作业及数字化管理，如图2-60所示。

● 应用场景

依托覆盖全路段的5G网络，江苏现代路桥有限责任公司完成对施工设备的精细远程控制，落地了路基自动整平、养护机械集群协同控制、隧道无人化施工等5G应用场景，覆盖了建设、养护等环节。

图2-59　5G网络组网架构

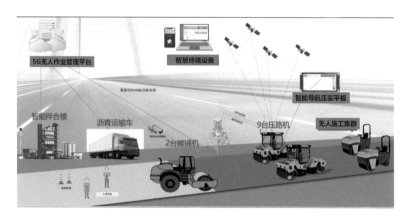

图2-60　解决方案部署场景

● 5G+ 路基 3D 建模：实现路基设计参数自动整平

该场景通过5G网络，将传感器采集的公路现场障碍物和路面特征数据传输至云端智慧施工管理平台。基于平台上以全套公路设计数据为数据源的智能算法，厘清养护图数据特征，建立路基3D设计模型，获得路基整平参数，并推理计算出实现路基整平设计参数所需的推土机、平地机等设备铲刀工作状态，再将铲刀工作控制指令下发至相应设备，完成路基整平作业，如图2-61所示。该场景实现了路基设计参数自动整平，提高了路基整平的效率和质量。

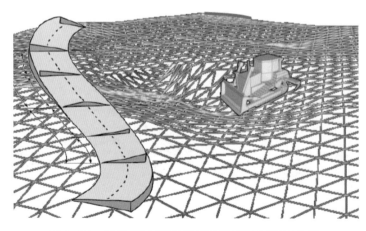

图2-61　基于5G网络传输路面特征的路基3D建模

● **5G+机械集群协同管理：实现无人驾驶**

该场景利用高清摄像头采集压路机及路面状态信息，将状态信息通过压路机配备的5G CPE上传至智慧施工管理平台，通过平台上的智能算法计算得到压路机完成预定养护任务所需的行驶轨迹，并协调压路机集群中不同压路机的路径，再将路径控制指令下发到压路机，压路机按设定路线自动行驶，实现不同压路机协同，完成养护任务，提升集群整体的工作效率，如图2-62所示。

图2-62 无人驾驶机械集群养护高速公路

● **5G+融合定位技术：实现隧道无人化施工**

隧道多建于环境复杂的山岭区域，施工环境较为恶劣，无法接收北斗卫星信号。该场景利用5G网络传输能力回传施工车辆UWB高精度定位信息至控制系统，再将位置信息通过5G网络同步至集群内所有设备，可实现隧道等无卫星信号区域的路段施工，减少施工成本，降低事故发生率，如图2-63所示。

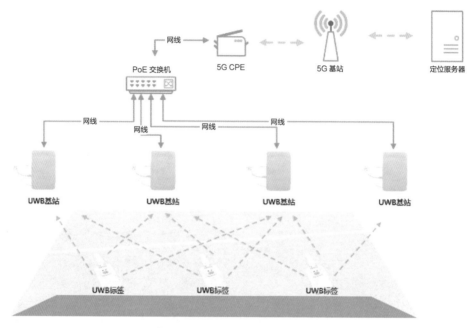

图2-63　UWB+5G实现融合定位

🌑 应用效果与推广前景

　　该案例的5G应用主要取得了三大成效：**一是**高速施工智能化，5G+路基3D建模实现路基设计参数自动整平，提高了路基整平的效率和质量；**二是**高速施工集群化，5G协同调度、管理机械集群，使得施工效率提升30%，据实际测算，无人摊铺机集群帮助每年节约成本926.4万元；**三是**5G+融合定位技术，实现隧道施工无人化，减少事故发生率。该案例借助5G移动通信技术，提升路面铺装养护效率，降低生产人员安全风险，助力高速公路养护事业向高质量、高标准、高水平方向发展。该案例为提升我国高速公路建设效率、保障高速公路建设安全具有指导意义。

（六）5G+智慧物流

四川中通服：打造5G+智慧仓储物流平台

所在地市： 四川省成都市

参与单位： 中国电信股份有限公司四川分公司、中兴通讯股份有限公司、中通服
供应链管理有限公司四川分公司、中通服创立信息科技有限责任公司

技术特点： 利用5G+云计算/人工智能技术，驱动仓储物流模式变革；利用5G+
仓储数字化平台，赋能供应链数字化转型

应用成效： 产品供应链层级"由5级压降为2级"；终端类物资月均库存下降
30%以上；供应链总成本下降40%；交付效率提升50%

获奖等级： 全国赛二等奖

● 案例背景

中通服供应链管理有限公司四川分公司是国家 5A 级物流企业，是中国电信股份有限公司四川分公司的第一物流基地，承担着中国电信股份有限公司四川分公司各市州通信线缆、终端等物资的集中仓储运营与配送保障任务，并为西南地区的中小企业提供综合性物流服务。

中通服智慧物流在数字化转型中存在三大痛点：**一是**自动化、智能化程度低，物流基地分拣、配送工作全部由人工承担，存在工作繁杂、管理难度大、易出现错漏、管理成本高等问题；**二是**园区管理松散，存在安全隐患，物流基地园区缺乏访客管理、消防预警等能力，综合安防弱；**三是**系统信息孤立，"烟囱化"严重，管理者难以掌控园区全局信息，运营效率低。为解决上述痛点，中通服供应链管理有限公司四川分公司联合中国电信股份有限公司四川分公司、中兴通讯股份有限公司、中通服创立信息科技有限责任公司创新打造了"云仓数配"项目，依托以 5G 为代表的 ICT 技术，推进传统供应链的数字化转型，服务中小企业并带动产业发展。

● 解决方案

中通服供应链管理有限公司四川分公司采用云、网、业三要素融合的网络架构。利用云专线，实现 AGV 调度系统、终端管理系统等全部上云，提高了系统的网络安全性；依托 5G 定制网、千兆全光网络、物联网等，实现了网络的大带宽、低时延；通过系统上云和网络升级，结合 5G、AI、云计算、边缘计算、大数据、物联网等技术，使所有信息可视、可管、可控，业务流程立足整体、端到端贯通，实现流程全局化、融合化，如图 2-64 所示。

● 应用场景

依托 5G 定制网、云计算、物联网等技术，中通服供应链管理有限公司四川分公司设计了云网一体的数字底座，引入 5G 工业自然导航 AGV、5G 自动

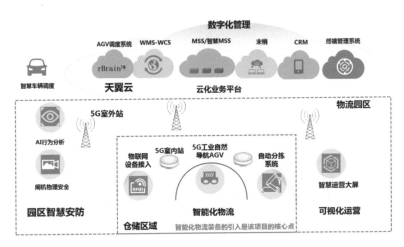

图2-64　基于云化部署架构的5G智能化物流方案

化分拣平台、5G智慧园区等应用场景。

● 5G工业自然导航AGV：无人化作业提升仓库作业效率

该场景将AGV调度平台等系统部署于云端，在云仓内部署5G定制网。依托5G定制网大带宽、低时延的高质量连接，集成5G模组的工业自然导航AGV实时接收部署在云端的调度平台下发的出入库指令，按照分拣进度需求，准确地把货物运送到各个分拣工位，如图2-65所示。该场景取代了传统的人工搬运方式，极大地提升了分拣效率。

（a）AGV协同编队

（b）AGV搬运货物

图2-65　5G工业自然导航AGV分拣搬运

● **5G 自动化分拣平台:执行智能化分拣,提升分拣效率**

通过引入 5G 自动化分拣平台,与仓库控制系统(WCS)实现协同自动化分拣作业,如图 2-66 所示。自动化分拣平台对货物进行自动分拣、输送,替代人工识别、分拣、传送的方式。自动化分拣平台的扫描识别系统通过条码识别、称重量方、色彩识别等多种识别方式进行数据采集,通过 5G 网络将采集信息回传至 WCS,实现货物精准分拣。该场景实现了分拣作业自动化,节省了人力成本,优化了各环节的结构。

图 2-66　5G 自动化分拣平台

● **5G 智慧园区:实现智慧消防安防、智慧访客、智慧大屏**

该场景利用 5G 技术赋能,实现智慧消安防、智慧访客、智慧大屏等多种场景,提升园区数字化管理水平,如图 2-67 所示。该场景引入 5G AI 摄像头,实现仓储作业管理,将 AI 行为识别与告警、物流配送、库存周转等信息通过智慧大屏可视化呈现。同时,智慧消防安防、智慧访客平台也充分应用了 5G 技术,将消防安防信息全部接入系统,所有数据可云端存储、在线访问,实现园区管理的智慧化、数字化、可视化。

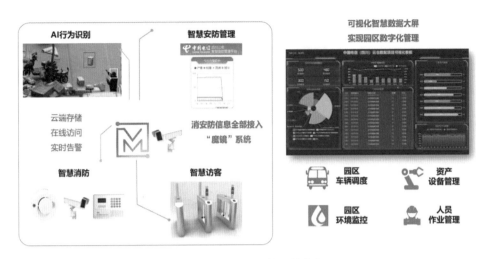

图2-67　5G园区管理数字化

● 应用效果与推广前景

该案例的5G应用主要取得了三大成效：**一是**增效益，项目实施后终端类物资月均库存下降30%以上，有效减少了终端产品滞存情况的发生，使供应链总成本降低40%以上；**二是**提效率，项目实施后交付效率相比前期提升了50%，全省终端产品仓库数量和库存管理人员数量均大幅降低，提升了终端产品的整体运营效率；**三是**控风险，通过"保障"和"服务"双机制实现全生命周期可视化，确保终端产品在任何情况下不断货，降低了实物管理风险。该案例构建了供应商、物流商、渠道商与运营商等多方共赢的生态系统，推动了5G与仓储物流的融合。

2

深圳美团：
基于5G的城市低空物流天路规模化应用

所在地市： 广东省深圳市

参与单位： 深圳美团科技有限公司、中国移动通信集团广东有限公司深圳分公司、中国移动通信有限公司政企客户分公司、中移（上海）信息通信科技有限公司、深圳信息通信研究院

技术特点： 利用5G+新型波束赋形技术，减少小区切换次数；利用5G边缘云，降低端到端时延；利用北斗+视觉感知定位，实现实时位置精准回传；利用5G+四维"时空胶囊"，实现多机协同安全运行

应用成效： 累计配送订单超12万单，2022年同比增幅400%以上；配送时间降低62.5%；核酸样本配送效率提升57%；飞行事故发生大大降低，接管率降低数十倍

获奖等级： 标杆赛银奖

● 案例背景

美团是一家科技零售公司，拥有丰富的生活服务落地场景，日订单量峰值超6000万单，近年来开始在无人机、无人车配送服务方面进行探索。目前，美团5G无人机已接入美团外卖平台，并在深圳建立了无人机配送服务示范基地及多条常态化运营航线，逐步推进基于5G的低空物流解决方案商用落地。

美团持续推动服务零售和商品零售在需求侧和供给侧的数字化升级，当前在即时配送服务中存在两大痛点：**一是**国内人口红利逐渐消退，日益增长

的市场需求与劳动力短缺的矛盾愈发凸显；**二是**用户对配送时效性、餐品安全、服务品质的要求越来越高，传统人工配送提效已到瓶颈。为解决上述痛点，美团联合中国移动通信集团广东有限公司深圳分公司等单位，共同探索5G地空共享网络，融合5G、无人机/无人配送系统、边缘计算等技术，建立一套基于5G的安全、高效、经济、自主可控的智慧城市低空配送网络，实现3000米范围内送达仅需15分钟的高效安全配送，解决更多用户生活中的应急需求，助力城市智能化建设。

● 解决方案

美团为城市末端无人机智能配送场景设计研发了飞行平台、地面设施及后台管理系统，并且自主研发了FP400系列无人机，已在深圳等地的测试机场完成超过40万架次的飞行测试。同时，美团研制覆盖多种场景的自动化机场及运行管理系统，搭建并支持分布式、高密度运行的低空无人机即时配送网络，实现对大规模无人机的实时监控、调度、告警、应急处置等功能。5G无人物流运营体系如图2-68所示。

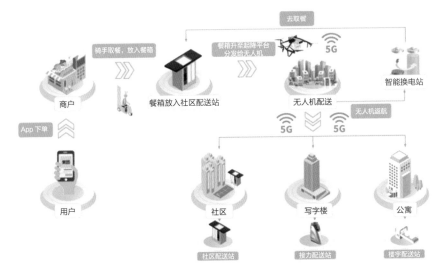

图2-68　5G无人物流运营体系

在网络方面，美团部署了5G低空虚拟专网，并进行网络优化，其中，无线传输网采用同步信号块（SSB）1+X波束赋形方案，根据航线的实际情况灵活配置X波束的参数，一个站点兼顾地面与低空网络覆盖，如图2-69所示。同时，利用波束功率增强、SSB时域错开发送和业务信道打孔功能，降低邻区间SSB干扰，显著提升地面网络覆盖质量，实现5G地空共享网络，保障无人机业务的稳定性。

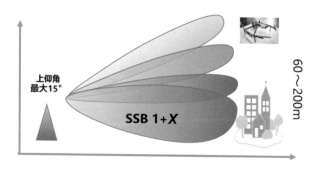

图2-69 SSB 1+X波束赋形方案

● 应用场景

基于广域的5G低空虚拟专网，美团开发了5G无人机即时配送应用，5G无人机不受地形束缚，速度快、反应灵活的优势得到显现，有效缩短了配送时间，为居民提供更便捷、更高效的服务。同时，该案例满足疫情等特殊应急场合的配送需求，体现了科技抗疫的价值。

美团5G无人机配送以无人机/无人配送系统、5G、边缘计算等技术为支撑，建设无人机配送基础服务设施及应用创新生态，为无人机配送提供可靠的运营保障。美团5G无人机配送作为一种人机协同的交付方式接入配送平台，在商家和用户两端部署无人机机场，通过后台系统智能调度实现无人机与用户、商家和定点配送员的交互，用户使用 App 下单即可享受无人机配送服务，如图2-70所示。整套无人机配送系统通过5G低空覆盖网络接入边缘运营平台，实现配送业务的自动化运维管理，3000米路程配送时间由原来的人工配送40分钟减少至无人机配送15分钟，配送时间缩短62.5%。

图2-70　5G无人机配送

● 应用效果与推广前景

该案例的5G应用主要取得了两大成效：**一是**服务范围显著拓展，美团无人机相继在深圳和上海实现落地，截至2022年12月，美团5G无人机配送已在深圳5个商圈落地，航线覆盖18个社区和写字楼，可为近2万户居民服务，并且完成面向真实用户的累计订单超12万单，配送商品种类超过2万种，涵盖餐饮、美妆等多种类型；**二是**服务常态化疫情防控成果显著，自2022年5月20日起，美团无人机开始在杭州进行常态化核酸样本运输，截至11月配送近1000万人次的核酸样本。美团开启城市低空物流网络探索，在助力城市智能化、国家科技创新方面起到了重要作用，为实现"无人配送"愿景提供了实践参考。

（七）5G+智慧港口

①

唐山港：全场景助力信息交互效率、综合作业效率双提升

所在地市：河北省唐山市

参与单位：中国移动通信集团河北有限公司唐山分公司、中国移动（上海）产业研究院、唐山港集团股份有限公司

技术特点：落地5G+远程控制实现岸桥、轨道吊、装载机等远程操控，实现港口垂直运输智能化；利用5G+无人驾驶实现集卡精准定位服务，实现港口无人化水平运输

应用成效：运行示范区设备作业效率提升20%，港口物流整体运行效率提升10%，港口整体人力用工需求降低30%，设备运行与维护成本有效降低；实现24小时连续作业，作业中断事件有效减少

获奖等级：全国赛二等奖

● 案例背景

唐山港集团股份有限公司（以下简称"唐山港"）规划面积90平方千米，包括6个港池、五大功能区，已建成1.5万吨级～25万吨级泊位44座，是环渤海地区重要的综合交通枢纽和现代物流基地，2021年唐山港两港区吞吐量超7亿吨，居世界沿海港口第2位。

唐山港现有网络系统基于光纤与Wi-Fi结合的传统网络连接技术，在智慧化港口建设过程中面临两大痛点：**一是**港区内大型机械密集，智能化改造施工和维护成本高，稳定性和可靠性差；**二是**港区运营面临劳动力成本持续上升、劳动力短缺、劳动强度高、工作环境恶劣等诸多挑战。为解决上述痛点，唐山港联合中国移动通信集团河北有限公司唐山分公司、中国移动（上海）产业研究院等单位以"尊享式"5G行业虚拟专网为基础，实现UPF（用户平面功能）下沉支撑搭建"5G+智慧港口"应用场景，实现5G港机远控、5G无人水平运输等应用落地，助力港口数字化转型。

● 解决方案

该案例基于5G网络与MEC平台，打造5G+北斗智慧港口整体解决方案，提供厘米级实时定位服务。5G网络方面，该案例采用"全覆盖"规划模式建设5G行业虚拟专网，实现港口作业区无缝覆盖。针对4.9GHz港口5G网络，配置3:2超大上行时隙配比，上行峰值速率达400Mbit/s，满足港机远程控制、视频回传的需求。MEC平台方面，满足10 ms低时延控制，保证边缘计算数据园区内闭环，生产网络与公网完全分离，并部署港口自动化分析、调度应用，有效提升用户感知和数据安全性。唐山港网络系统架构如图2-71所示。

● 应用场景

唐山港通过5G智能化改造完成5G港机远程控制、5G无人化水平运输、5G视频智能化分析等应用场景，实现了港口水平运输、垂直装卸系统的智慧

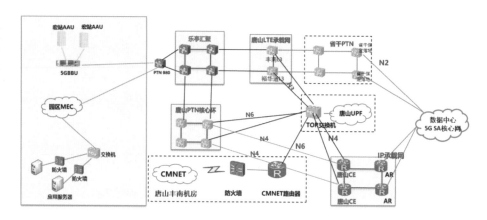

图2-71 唐山港网络系统架构

化转型升级。

● **5G 港机远程控制：提升作业效率，改善作业环境**

该场景借助 5G 网络的低时延特性，结合高精度定位、计算机视觉等技术建设智能调度中心，在港口中控室实现 5G 港机及轨道吊装卸作业远程控制，如图2-72所示。操作人员坐在中控室，根据 5G 网络回传的高清视频信息和

图2-72 5G 港机及轨道吊装远程控制场景

设备状态信息，对场桥/岸桥等实现远程操控、发送指令，远程开展装卸集装箱作业。目前，该场景可实现1名远程控制人员同时操控3～6台龙门吊，岗位操作用工大幅降低60%。此外，该场景可降低设备运行与维护成本，改善人员作业环境，减少高空作业导致的作业事故。

● 5G 无人化水平运输：降低人力成本，保障驾驶安全

该场景利用5G网络，结合差分服务和高精度地图、激光雷达等融合定位算法，实现港区无人集卡厘米级定位精度，精准定点停车、装箱卸箱、自动识别避障、远程控制等功能，实现唐山港港区"无人集卡＋无人驾驶拖车"全场景自动化作业模式。目前港区3辆无人集卡已完成5G改造、调试并投入作业测试，信号传输稳定，时延低于10ms，车辆运行速度为40km/h，如图2-73所示。该场景落地后可节省约30%的人力成本，实现24小时连续作业。

图2-73　5G 无人集卡

● 5G 视频智能化分析：融合边缘 AI 算力，提升智能化水平

该场景利用5G网络回传作为光纤的补充，具有部署灵活、调整便捷、成本低廉的优势，解决了港区内无法全域部署光纤的问题，同时5G网络的大带

宽特性支持多路高清视频回传，提升了港口智能化水平。该场景结合5G+边缘计算+AI能力，包括自动理货场景中的吊车AI识别集装箱编码ID、驾驶员驾驶状态监控、外来车辆车牌号识别等视频智能化分析能力，助力打造智能、绿色港口。5G视频智能化分析解决方案架构如图2-74所示。

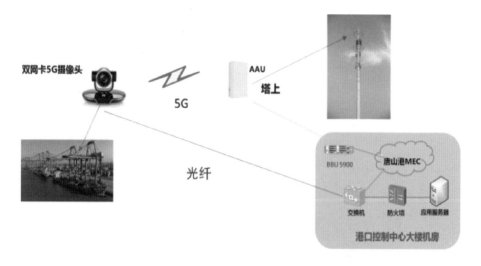

图2-74　5G视频智能化分析解决方案架构

● 应用效果与推广前景

　　该案例的5G应用主要取得了三大成效：**一是**5G助力港口降本增效，运营管理效率和安全治理水平显著提升，港口物流整体运行效率提升10%，港口龙门吊综合作业效率提升30%；**二是**在通用码头创新了"半自动化门机+远控装载机+漏斗+散货IGV"前场无人化作业模式，填补了该领域国内空白；**三是**促进大型港机设备更新，该案例落地5G+自动化穿越式双小车岸桥，实现穿越式设计、同步双箱作业，综合效率提升50%。该案例中的5G网络有效支持岸桥和轨道吊等场景的远程控制和数据传输，摆脱了光缆束缚，全面赋能智慧港航精细化运营管理，切实可行地控制运营成本，年均节省人力成本2000余万元。

② 天津港：5G 赋能散杂货码头，实现减人增效

所在地市： 天津市

参与单位： 中国联合网络通信有限公司天津市分公司、天津港汇盛码头有限公司、华为技术有限公司、北京安博动力科贸有限公司、联通航美网络有限公司

技术特点： 利用 5G+ 远程控制及高清视频回传技术，实现岸桥吊和轨道吊远程作业；结合北斗定位实现 IGV 集卡智能运输；利用 5G+ 视频 AI 分析技术，实现堆场智能理货

应用成效： 现场作业人员减少 70%，桥时效率提升至每小时 30 个循环，船时效率提升至每小时 100 个循环，港口生产效率平均提升 50%，安全事故发生率降低 95%

获奖等级： 全国赛优秀奖

● 案例背景

　　天津港是京津冀及"三北"地区的海上门户、雄安新区的主要出海口、"一带一路"海陆交汇点、新亚欧大陆桥经济走廊的重要节点和服务全面对外开放的国际枢纽港，连续多年跻身世界港口前十强，成为国家的重要战略资源。

　　实现智慧运营、无人化生产是港口转型发展的一个趋势，当前天津港在转型升级中主要面临三大痛点：**一是**人力短缺、劳动力成本攀升，工作环境恶劣、工作强度高，工人身体容易受损伤，导致招工难；**二是**港口作业大部

分依靠重型机械，且货物堆积较高，人员在操作时存在碰撞受伤、垮塌掩埋的风险；三是理货等生产环节仍主要依靠人工，且容易受到恶劣天气影响，智能化作业水平亟须提升。为解决上述痛点，天津港联合中国联合网络通信有限公司天津市分公司、华为技术有限公司等单位，在天津港汇盛码头建设5G+MEC 行业虚拟专网，大幅提升散杂货码头的运营管理效率，并为天津港其他散货码头提供智能化改造新思路，助力天津港成为世界一流的智慧绿色港口。

● 解决方案

天津港整体方案采用"一张网 - 两层云 -N 应用"的"1+2+N"框架，建设以5G 为主的泛在物联网，实现港区全覆盖，MEC 边缘云下沉实现数据本地分流，建设智慧港口中心云和边缘云，综合部署门机远程控制、挖掘机远程清舱、散杂货智能理货、北斗船舶定位、堆场数字孪生等应用场景，如图2-75所示。

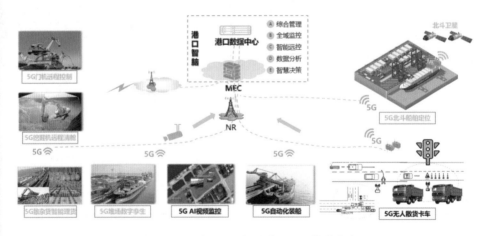

图2-75 天津港5G智慧港口项目整体方案

● 应用场景

该案例主要围绕散杂货码头船舶入港停泊、货物装卸船、船舱货物清舱、散杂货理货以及堆场管理等重点生产作业环节进行五大智能化场景改造，实现港口智慧化运营。

● 5G门机远程控制：实现装卸船远程操作

该场景借助5G大带宽、低时延的特性，设计5G门机（码头的散杂货物装船、卸船设备）远控方案，实现门机远程控制，如图2-76所示。为降低信号时延，避免影响港机远程控制的效果，该场景单台门机部署2台5G CPE，分别承载高清视频信号、PLC控制信号，支持监控视频和控制信号分通道传输，控制信号时延。该场景显著改善了工人的工作环境，提高了作业效率。此外，该场景将门机动力系统监控、计量、智能润滑、能耗管理等多个独立系统集成在统一平台管理，实现了设备全生命周期管理，提高了作业效率，降低了用工成本和运维成本，每年可节省综合成本约500万元。

图2-76　5G门机远程控制

● 5G挖掘机远程清舱：实现散杂货船舱清舱

由于抓斗无法触及船舱内部较深区域或死角，门机上的抓斗通常无法彻底完成卸船工作，需要人工方式配合门机工作完成清舱。该场景借助5G网络实现挖掘机远程控制，门机将挖掘机吊入船舱内进行清理，在控制室建立仿真远程操作台，通过5G网络将作业数据及画面实时回传，100%完成舱底、舱壁等清舱作业，有效提高作业效率并规避塌方掩埋风险，每次每船卸货作业将节省2~3万元，全年可节省1000万元，如图2-77所示。

图2-77　5G挖掘机远程清舱

● 5G散杂货智能理货：大幅提高理货效率

该场景采用5G端管云+AI理货方案，基于实时图像回传，借助AI计算散杂货物的种类和数量，如图2-78所示。该场景通过在理货场地的不同位置部署高清摄像头，采集高清图片信息，利用5G网络将信息传输至平台，并结合AI算法快速建立推理模型，识别散杂货物的种类和数量，实现散杂货智能理货，有效避免了恶劣天气导致的停工问题或安全风险，提高了人员安全性和理货准确率。据测算，该场景下每年可减少用工15人，人力成本每年减少300万元。

图2-78　5G散杂货智能理货

● **5G北斗船舶定位：加速智能停泊系统国产化替代**

该场景通过部署5G+北斗融合定位网络，配合惯性导航和激光定位组合技术，保证船舶定位精度可以达到3cm以内，姿态精度小于0.1°，大幅提升船舶定位精度水平，如图2-79所示。该场景融合北斗技术，不仅解决了GPS系统定位不精确的问题，还实现了智能停泊系统的国产化替代。

图2-79　5G北斗船舶定位

● 5G堆场数字孪生：实现料堆货物的精准测量

该场景中无人机搭载雷达对码头料堆进行实时扫描及3D建模，通过对料堆货物的形状和体积的高效、精准的测量，利用5G网络将采集的数据传至后台，实现堆场数字孪生，合理规划空间布局，大幅提高料堆场空间利用率，如图2-80所示。同时，该场景利用5G网络的低时延特性智能控制无人机飞行，使无人机根据自动规划的路线飞行，大幅提升了港口料堆货物的清点效率。

图2-80　5G堆场数字孪生应用场景

应用效果与推广前景

该案例的5G应用主要取得了三大成效：**一是**5G+远程控制有效赋能无人化装卸船和船舱清仓，提高作业效率、降低作业风险，大幅降低用工成本和运维成本；**二是**5G+AI实现散杂货智能理货，基于AI统计散杂种类和数量，提升码头运营效率；**三是**5G融合增强技术提升综合管理能力，实现5G+北斗高精度船舶定位，构建5G堆场数字孪生模型，提升港口的智能化运营水平。据统计，中国货运港口约140个，散杂货类港口数量100余个，散杂货物吞吐量占比53%。由此可见，该案例有广阔的市场空间，同时该案例对于推动智能化港口建设具有积极意义。

（八）5G+ 智慧农业

洛宁金珠沙梨果园：智慧果园助力乡村振兴

所在地市： 河南省洛阳市

参与单位： 洛宁县人民政府、中国联合网络通信有限公司洛阳市分公司、中兴通讯股份有限公司、北京首溯科技有限公司

技术特点： 通过5G智能感知、5G智能作业、5G直播营销辅助，实现5G赋能智慧果园

应用成效： 每亩（1亩＝0.0667公顷）增收2300元，生产成本降低33%，产业标准化种植率提升60%，电商销售增长25%，总体增收522万元；复制推广到整个产业46 000亩，每年可增收9000万元；提升农民返乡积极性；助力乡村振兴

获奖等级： 全国赛一等奖

● 案例背景

洛宁县位于河南省西部，是典型的山区农业县，农产品特色优势明显，是天然的水果适栽区。金珠沙梨是洛宁县特色农产品，全县种植面积超46 000亩。金珠沙梨获得国家级"地理标志农产品"和"A级绿色食品"等多种认证，也成为洛宁县乡村振兴的特色农产品产业之一。

金珠沙梨所含绿原酸、类黄酮等营养元素远超其他梨品种，但由于种植标准不统一、品质差别大、销售方式落后，无法形成品牌效应、价格不高，致使种植户种植积极性持续下降。为了解决上述痛点，洛宁县人民政府联合中国联合网络通信有限公司洛阳市分公司、中兴通讯股份有限公司等单位，对大农户果园进行5G智能化改造，采集生产数据的同时建立标准作业模型，小农户进行作业复制，为集体经济主体提供5G营销宣传辅助，通过样板果园智能化建立标准化样板，通过产业数字化、虚拟化实现营销网络化，从而实现销量和售价双提升。

● 解决方案

该案例总体架构采用"1+1+3+6"体系：1平台是指物联网感知平台；有效汇聚各类终端信息；1中台是指大数据平台，通过种植模型等实现果园应用创新和服务；3体系分别是指组织保障体系、网络与信息安全体系、政策与制度体系，有效保障5G应用的完整性和持续性；6应用是指利用5G网络特性实现农产品质量追溯系统、农产品生产管理系统、智慧农业大数据平台、物联网数据采集系统、物联网视频监控系统和综合体微信小程序应用场景，助力果园的智慧化农业生产建设，如图2-81所示。

● 应用场景

该案例通过5G技术实现种植、监测、采集、管理等多环节的转型升级，落地5G+物联网、5G+远程控制、5G+数字农业云平台、5G+云直播、5G+AR

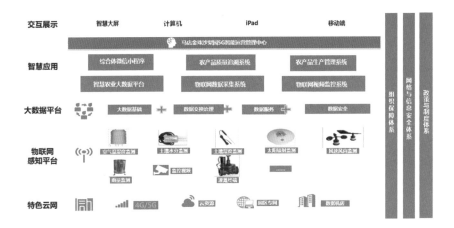

图2-81　5G智慧果园项目整体方案

等应用场景。

● 5G+物联网：实现数据监测和智能采集

该场景通过5G物联网气象和土壤监测设备实时采集数据，并通过5G网络回传，实现空气温湿度、光照度、土壤温湿度、空气二氧化碳浓度等农情信息的实时监控，支撑构建农作物生长全过程数据模型，实现针对农作物生长风险的多方式实时管控预警，如图2-82所示。

图2-82　智能气象监测

● **5G+远程控制：实现水肥一体自动灌溉的云端控制**

该场景通过改造园区的灌溉系统，基于5G远程控制模块根据监测数据反馈实现喷洒、施肥等操作的自动化管理，通过手机即可远程控制果园内的灌溉系统，做到灌溉和水肥一体化的智能管理，如图2-83所示。

图2-83 水肥一体化自动灌溉系统

● **5G+数字农业云平台：实现农业生产功能云化部署**

该场景融合5G网络及MEC技术，在边缘云平台部署溯源大数据平台和数字农业云平台，基于监测数据和自动灌溉数据进行大数据分析和系统管理，逐步优化形成标准化的作业样板库，实现对种植全过程的记录分析。此外，该场景5G MEC平台能够提供多种对外惠农服务，如为农民提供生产、管理等依据，为小农户提供作业平台等，如图2-84所示。

● **5G+云直播：打造消费的所食即所见**

该场景发挥5G网络大带宽优势，实现果园园区的云直播功能，在举办梨花节、采摘节时，将现场情况通过5G背包和5G无人机实时采集，并通过5G

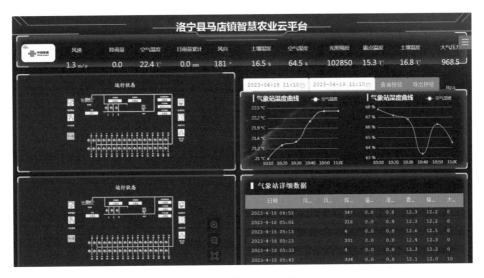

图2-84　数字农业云平台

网络传至云端进行推流，实现活动现场高清直播，如图2-85所示。此外，结合溯源平台和电商平台功能，可通过5G摄像头实现24小时慢直播。

图2-85　基于5G的云直播

● 5G+AR：实现电商平台的数字化引流

该场景通过AR技术丰富产业数字展现形式，构建多个虚拟形象或模型，通过5G网络大带宽、低时延的特性给客户或游客提供身临其境的画面，如图2-86所示。该场景通过营造沉浸式体验在互联网进行话题营销，为电商平台引流，丰富了果园的宣传推广形式。

图2-86　5G+AR

● 应用效果与推广前景

该案例的5G应用主要取得了三大成效：**一是**助力实现农业数字化转型，该案例通过5G应用改造200亩果园，实现1600亩果园接入云平台，提升了数字化水平；**二是**有效提升果树生产水平，该案例使每亩增收2300元，生产成本降低33%；**三是**该案例通过标准化种植提升了果园的销售水平，通过5G应用实现电商销售增长25%，产业标准化种植率提升60%。该案例能够复制推广到全县整个产业，预计每年可增收上亿元，同时通过特色农产品的产业数字化实现产业振兴，有效助力乡村振兴。

② 南京太和农场：数字化助力稻米标准化生产

所在地市： 江苏省南京市

参与单位： 中国电信股份有限公司南京分公司、中兴通讯股份有限公司、中国科学院土壤研究所、江苏省农业科学院、农业农村部南京农业机械化研究所、南京太和水稻种植专业合作社

技术特点： 利用5G、云、AI等技术，借助星河AI赋能平台、天枢5G无人机平台和天翼云，基于5G和机器视觉，对有机水稻生长过程中最重要的灌溉、施肥和分蘖3个环节进行全过程监控，用数字化助力水稻标准化生产

应用成效： 有机稻米亩产量提高40%；精准控制使得种植过程中的水、肥和人力成本下降约50%；绿色生态种植确保的高品质太和有机大米每亩收入提高50%

获奖等级： 全国赛一等奖

● 案例背景

南京太和水稻种植专业合作社（以下简称"太和农场"）位于南京市江宁区，通过土地流转的方式承包了1000余亩土地，多年来联合中国科学院土壤研究所、江苏省农业科学院、南京农业大学、农业农村部南京农业机械化研究所等单位，倾力打造现代智慧生态农业示范基地，是南京市唯一的省级高标准生态农田试点基地。

水稻的生长过程涉及众多因素，不同品种、不同生长地、不同年份、不

同环境因子、不同生长阶段都会对水稻的品质和产量产生重大影响。当前，原生态稻米种植探索存在三方面痛点：**一是**目前水稻生长参数获取基本采用多种传感器来测量，耗时耗力、采集效率较低，会破坏水稻的植株结构，且存在横向数据误差，需要采用更多非接触式测量技术；**二是**数字化水平不足，使得高质量和高产出难以兼备，绿色生态的水稻种植标准化水平更是难以得到根本上的提升；**三是**水稻生产"招工难""留工难"，亟须将水稻种植经验沉淀成数字资产，打破地域和组织的壁垒，快速赋能原生态水稻的标准化作业。为解决上述痛点，中国科学院土壤研究所联合江苏省农业科学院、农业农村部南京农业机械化研究所、中国电信股份有限公司南京分公司与中兴通讯股份有限公司等单位将生物技术与5G、机器视觉、AI、大数据及云计算等技术结合，实现产前生产资料科学衔接、产中生产要素精准配置、产后产品供需完美对接，通过农业产业链中物质系统良性循环，实现资源高效利用与生态功能持续提升，最终实现生产、生态和生活协同共荣。

🔵 解决方案

该案例部署多类型终端实现农田信息的采集，如通过部署多个4K相机，并引入红外、3D相机用于夜间虫情观测及恶劣天气下的农田观测；采用5G能源网关，可灵活配置市电、充电电池和太阳能电池板，实现高速回传的同时完美解决了稳定供电问题；针对稻田整体长势和土壤肥力，采用5G无人机载终端，不仅有效解决了泛低空移动场景下的高速回传问题，还可以自带算力实现图像的预处理，使实时分析成为可能。通过5G网络将各类终端采集的数据实时传输到农业平台，通过AI深度学习，不断优化水稻在不同生长阶段的预测模型和识别算法，精准分析并反馈，实时与灌排监控系统智能联动。图2-87为5G+有机水稻智慧种植全景图。

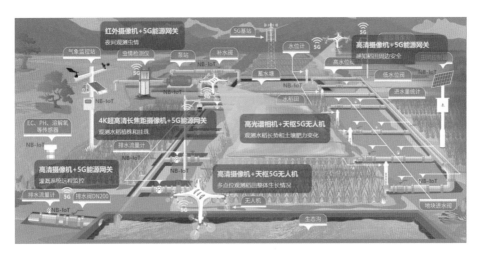

图2-87 5G+有机水稻智慧种植全景图

应用场景

基于5G+多类前端视觉设备+AI技术,可以实现生产、流通、销售等环节的全流程控制,为优质生态水稻生产提供品质保证,如图2-88所示。

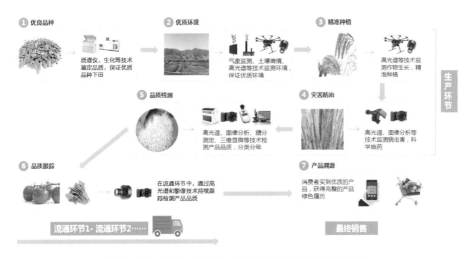

图2-88 生产、流通、销售等环节的全流程控制

5G固定点观测:准确高效建模

该场景通过在固定点架设高光谱相机、高清相机、红外相机等观测设备采

集农作物和昆虫的视频或图像，利用5G网络将视频或图像上传至平台，结合AI等智能算法实现针对农作物生长状态的监测和判定，如通过高清相机实现选种、育种、减少播种量、降低生产成本、提高产量；通过高清相机实现水稻植株本体外形判定；通过红外相机实现对水稻含水量和叶绿素的分析；通过红外高清相机测温实现夜间检查虫害，对虫害进行早期干预，减少农药的使用。

● 5G 无人机移动观测：精准控水控肥

通过5G无人机搭载高光谱相机、3D激光相机、高清相机、红外相机等设备，对稻田进行面上的移动扫描或侦测，并利用5G网络将数据实时传输至平台，分析得出水稻的生长状态，如无人机多光谱影像定期巡视，监测控制氮元素吸收，实现精准种植；通过高空拍摄的作物图片，对田间作物品种进行分类，掌握农作物生长情况、杂草情况，如图2-89所示；通过地物反射光

图2-89　物种识别

谱可以有效区分不同类型的土壤，监测对象包括土壤颗粒大小、质地及黏粒含量等，用于评估土壤的排灌能力，如图2-90所示；基于高光谱技术的监测可以提供作物病虫害发生、发展的定性和定量信息及空间分布信息，预防虫害，如图2-91所示。

图2-90 土壤含水量分析

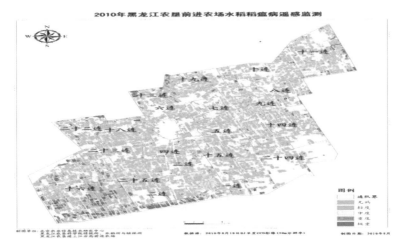

图2-91 病虫害早期识别

应用效果与推广前景

该案例的5G应用主要取得了三大成效：一是提高水稻附加值，构建"合作社＋基地＋合作成员"的全产业链经营模式，2021年合作社种植的原生态大米价格为一斤20元，合作成员平均售价达一斤10～12元，亩均收益较以前翻了两番；**二是**引导周边农户种植优质水稻品种，水稻优质品率达80%以上；**三是**在水稻生产过程中示范推广机械化翻耕、工厂化育秧、机械抛插秧、机械化精量穴直播、无人机飞播与飞防及收割等全程机械化，进一步提升了水稻种植的数字化水平。该案例从农技、土肥、植保、种业、农机等方面大力推广智慧水稻生产技术，预计2023年优质稻高效示范区带动南京市及江苏其他地市优质水稻高效种植面积达10万亩。

3

江苏海州农发：
5G+ 北斗实现农场无人化高效作业

所在地市： 江苏省连云港市

参与单位： 江苏海州农业发展集团有限公司、中国移动通信集团江苏有限公司连云港分公司、中移（上海）信息通信科技有限公司

技术特点： 利用5G低时延特性及北斗高精度定位能力，提高农业生产作业精度；利用5G农机无人驾驶系统提高农业生产力水平；利用大数据与人工智能分析，助力生产经营决策数字化，全面提升生产效率

应用成效： 提高单位面积作物产量2%～3%，减少肥料和农药用量5%～10%，降低生产成本5%～10%；由于接行准确，可提高土地利用率0.5%～1%；由于提高了农机利用率，作业效率提升20%，人力成本降低约50%

获奖等级： 全国赛三等奖

● 案例背景

江苏海州农业发展集团有限公司（以下简称"海州农发"）无人农场项目位于江苏连云港市海州区新坝镇魏口村，项目由集团下属连云港益之农农业有限公司牵头，该公司主要经营稻麦种植，依托社会化服务机构及自主管理，能够完成耕种管收的全程机械化，年产值约4500万元。该公司规划了2000亩地作为示范区域建设5G数字化智慧农场，该工程于2022年3月启动建设，2022年11月完成验收。

　　农业生产目前普遍存在三大痛点：**一是**需求侧存在对外依存度高、农产品品质堪忧的问题；**二是**供给侧存在农作物分散经营、生产成本高的问题；**三是**服务端存在非标准化、农作物附加值低的问题。为解决上述痛点，海州农发联合中国移动通信集团江苏有限公司连云港分公司、中移（上海）信息通信科技有限公司创新性地将5G通信技术赋能农业生产，部署5G智能农机，并利用5G大带宽、低时延的特性，全面提升农场生产管理水平，真正建成5G无人化智慧农业示范园区。

● 解决方案

　　该案例中农场占地2000亩，在网络方面，现场部署两座宏站：新坝魏口铁塔与新坝张庄铁塔。无人农场项目建设了地市共享型UPF 5G农业专网，部署了大数据作业平台，如图2-92所示。5G农业专网融合5G切片技术和边缘计算技术，满足农业行业客户业务、连接、计算、安全等需求，提供可管、可控、可感知的专用云网服务。

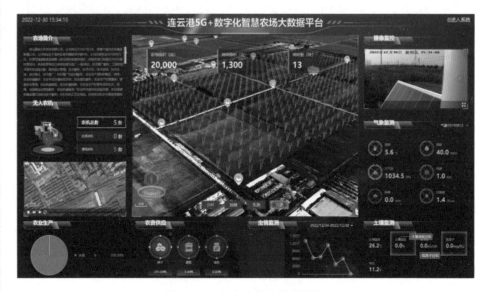

图2-92　无人农场大数据平台

● 应用场景

依托田间5G 700MHz网络及中国移动北斗地面基准站的全覆盖，项目根据农业生产需要，落地3个场景，包括精准种植、智联农机及无人机植保，利用8个5G通信模块，有效提高了无人农机作业效率及作物产量，为二期项目的拓展积累了经验。

● 5G+精准种植：告别凭经验种地时代，一切凭数字说话

在大田农业等生产场景，应用5G+物联网技术，通过各类低功耗、多参数智能终端，定时收集各类环境数据，进行实时环境控制，保证农作物有适宜的生长环境，实现农情监测无人化，如图2-93所示。在无人农场核心区1300亩土地上，土壤墒情等监测告别了过去依靠农民经验作业的模式，传感器采集的数据经过平台的分析，直接推送到指挥中心，再由指挥中心安排植保打药、灌溉水、施肥等工作。

图2-93 田间传感器利用5G特性收集作业数据

● 5G+智联农机：提高作业精度，提升农作物质量

该场景基于5G大带宽、低时延等特性，满足自动驾驶、精准作业、视频

实时回传与多机协同等需求,通过加装农机自动驾驶系统,完成耕种管收全程自动化,包括播种、插秧等环节,如图2-94所示。本项目共改造拖拉机、收割机、插秧机等8台套,相比传统机械作业,该模式透气更流畅,行距更均匀,能够提高单位面积作物产量2% ~ 3%,降低生产成本5% ~ 10%,同时也能降低约50%的人力成本。

图2-94　无人农机操作系统

● **5G+无人机植保:赋能植保无人机,提升作业效率**

进入5G时代,借助大带宽、低时延的5G网络,无人机可将飞行轨迹、喷洒数据、态势感知等各种信息实时传输至后台管理系统,用户随时随地都能对无人机进行监察管理,可实时利用庞大的服务器机组对数据进行分析,若有情况也可在第一时间进行处理,大大提高了植保工作的安全性和作业效率,如图2-95所示。传统手工喷洒药物每人每天仅能喷洒10亩左右,而植保无人机正常作业每次喷洒面积可以达到20亩,全天作业量可达人工的30倍。

图2-95　无人机作业现场

🔵 应用效果与推广前景

　　该案例的5G应用主要取得了三大成效：**一是**基于5G和北斗导航的农机具智能化生产的应用终端及系统，使农机驾驶员从单调重复的劳动中解放出来，显著提高了作业精度；**二是**建立了一套完整的生产体系，能够有效实施种植结构、作物养分综合调整，精准防控病虫害，优化农田生态环境、助推安全生产、提高可持续生产能力；**三是**农场内"智慧农业"贯穿整地、播种、收获等各个生产作业环节，通过示范效应和带动作用，形成集空间扩展、技术研发推广等并行的产业集群。目前，该案例已在全国多个省份推广并落地，5G创新应用场景也在不断丰富。国内现有400万台农机，然而无人机械的改装率只有1.4%，市场拓展空间较大。该案例对于加速农业转型升级具有借鉴意义。

（九）5G+智慧水利

①

山东水利：
实现水库"雨水工情"预报调度一体化

所在地市：山东省济南市

参与单位：中国联合网络通信有限公司山东省分公司、山东省水利厅、中国科学
　　　　　院空天信息创新研究院、中国联合网络通信有限公司济南市分公司、
　　　　　联通（山东）产业互联网有限公司、联通数字科技有限公司、中兴通
　　　　　讯股份有限公司

技术特点：利用5G+北斗技术，构建空天地一体化水利感知网络；利用多技术
　　　　　融合，提升水利监测感知能力；构建数字水利数据资源体系

应用成效：项目覆盖1031座小型水库，占全省水库数量的1/5；实现水库、流域
　　　　　洪水预演仿真应用

获奖等级：全国赛一等奖

● 案例背景

水库承担着防洪、灌溉、供水等多重功能，是保障地区经济社会发展的重要基础设施。山东省现有小型水库 5400 余座，这些水库大多修建于 20 世纪 50—70 年代，信息化监控薄弱，存在管理设施短缺、病险隐患突出等难题，制约小型水库发挥功能。

山东省水库管理的数字化转型存在三大痛点：**一是**全面感知能力不足，监测设备覆盖不全面，部分偏远地区数据传输难以实现；**二是**技术融合深度不足，专业水利模型、AI、BIM（建筑信息模型）、GIS（地理信息系统）等技术未能和水利业务应用进行深度融合；**三是**信息资源数字化能力不足，信息资源尚未充分开发利用，对水利业务的决策支撑能力有待提升。为解决上述痛点，山东省水利厅联合中国联合网络通信有限公司山东省分公司、中兴通讯股份有限公司等单位，通过 4G/5G 网络融合北斗、卫星遥感、雷达、无人机、无人船等能力，建设山东省空天地一体化泛在感知网，实现雨水工情自动测报、水库信息数字化管理、纳雨能力分析和流域联合调度预演等，为水库的安全运行及防洪调度提供及时、准确的信息，辅助决策。

● 解决方案

该案例构建"一网、两平台"基础 5G 应用底座，网络方面利用新一代物联网、4G/5G 移动通信网络和卫星通信网络，形成了基于 5G+F5G 的全省水利泛在感知网；平台方面，**一是**基于 5G 网络及 MEC 建设了水库智慧数字孪生平台，如图 2-96 所示，**二是**结合 VR、MR 及云计算、高性能信息数字化等技术，构建了基于 5G+MEC 的水利模型平台和流域仿真决策指挥平台。该案例通过 5G 网络广泛采集传感器数据，深入开发并高度整合水利信息资源，实现水库感知、传输、应用的网络化与智能化，提升水库工程运用和管理的效率和效能。

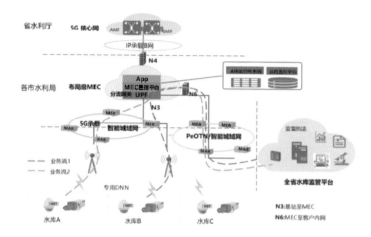

图2-96　基于5G网络及MEC的水库智慧数字孪生平台

🔵 应用场景

水库的数字化管理包括数据采集、大坝安全监测、库容曲线测绘等环节。目前，该案例的5G应用在数据采集、大坝安全监测等环节，实现了物理水库到数字水库映射，能够实时、准确、可靠地展示水库运行状态。

● 5G+北斗短报文智能融合网关：实现水利要素全面感知

该场景借助水利行业专用5G智能融合网关，依托4G/5G融合的无线网络覆盖，实现水库雨情、水情、大坝渗压等信息的全面收集及实时传输，借助北斗短报文对信号无法覆盖的偏远水库进行补盲，实现突发险情通信中断时的数据应急传输，并将采集的数据实时、准确地同步至数字孪生平台，将小型水库的数据采集覆盖率从不足50%提升至100%，保证了在发生突发灾害情况下数据的稳定传输，如图2-97所示。此外，数字孪生平台依托大数据、AI等技术，分析模拟天气等因素对水位、库容、泄洪量的影响，在汛情来临时绘制群众撤离路线，形成服务于水利行业"预报、预警、预演、预案"的四预应用体系，支撑山洪灾害防御的决策，提前"吹哨"，给群众提前转移赢得充分时间，保障人民生命财产安全。

图2-97　基于5G+北斗短报文的水库安全运行及防洪调度系统

● **5G+北斗融合无人机：实现空天地一体化应用**

该场景综合运用5G+北斗卫星监测技术，实现了由单体水库监测向水库群监测的转变，依托5G网络大带宽、广连接的特性，扩展无人机的监测范围，并将巡检图像上传至云端，通过边缘计算进行AI图像分析与识别（如水库、河道的污水排放、垃圾倾倒、非法作业等），实现视频数据的分析与存储，如图2-98所示。该场景大幅提升了无人机的监测效率，实现了5G+无人

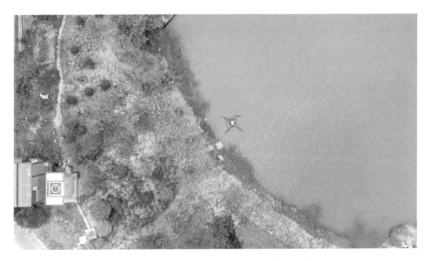

图2-98　5G+北斗融合无人机监测

机监测从视距范围5000米飞控扩大到全省全域自动调度，单架次飞行获取的水库、河段监测数据增加3.5倍。

● **5G+高精度定位授时：大幅提升授时精度**

该场景采用北斗卫星导航定位技术，并兼容 BDS B1/B2/B3、GPS L1/L2/L5和 GLONASS L1/L2三系统多频道联合定位服务，采用5G+北斗授时技术，为全省水利一张网提供精准的统一时间基准。相比于互联网授时，该场景使授时精度从10 ms 提升到了0.2 ms，如图2-99所示。

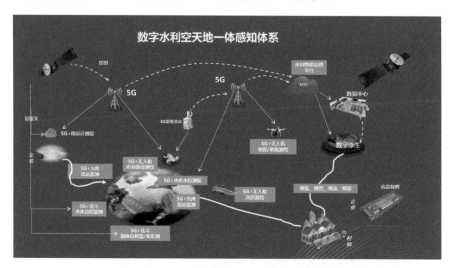

图2-99 5G+高精度定位授时场景

应用效果与推广前景

该案例的5G应用主要取得了三大成效：**一是**通过5G+北斗建设了山东省水利泛在感知网，实现与行业用户水利设施 RTU（远程终端）、MCU（振弦采集仪）、无人船、无人机等感知终端的深度融合，实现水利信息的广泛、准确采集；**二是**为水利客户推出专用5G RTU 融合终端，将5G 工业网关、雨水工情、大坝渗压、坝体位移等数据集中采集，安全性、稳定性及可扩展性强，并具备价格优势；**三是**实现了病险水库安全监测设施全覆盖和数据实时传输，山洪灾害预警精度提高了20%，强化了防洪调度预演能力，增强了防洪模拟验算功能，提升了水利行业的数字化程度和智能决策水平。该案例打造"产、学、研、用"一体化的商业模式，实现了新技术、新应用的快速落地与规模复制。"十四五"期间，山东水利信息化市场规模超120亿元，市场潜力较大。

② 山东黄河三角洲：
助力水利生态保护智能高效决策

所在地市： 山东省东营市

参与单位： 中国移动通信集团山东有限公司东营分公司、山东黄河三角洲国家级
自然保护区管理委员会、山东黄河河务局黄河河口管理局、华为技术
有限公司

技术特点： 利用700MHz 频段广覆盖特点，实现黄河数据全连接；利用5G+AI+
大数据观鸟、护鸟，助力提升保护区生物多样性；利用5G+ 数字孪
生 + 大数据分析，助力智能高效决策

应用成效： 视频质量提升45%，采集覆盖率达到100%；保护区鸟类监管效率提
升80%，人员违规活动减少74%；决策效率提升95%；黄河5G VR
直播观看人数超2万人次；游客数量创历史同期最高

获奖等级： 全国赛优秀奖

● 案例背景

山东黄河三角洲国家级自然保护区是以保护新生湿地生态系统和珍稀濒
危鸟类为主的湿地类型自然保护区，由山东黄河三角洲国家级自然保护区管
理委员会管理，总面积15.3万公顷，其中陆地面积8.27万公顷，潮间带面积
3.8万公顷，浅海面积3.2万公顷。

山东黄河三角洲黄河治理和生态保护数字化转型中存在三大痛点：**一是**
黄河两岸沿线长，"最后一千米"传输能力不足，治理难；**二是**自然保护区面

积大，感知方式不足，生态保护难；**三是**数据孤岛问题严重，缺少智能分析方法，决策难。为解决上述痛点，山东黄河三角洲国家级自然保护区管理委员会联合中国移动通信集团山东有限公司东营分公司、山东黄河河务局黄河河口管理局、华为技术有限公司等单位，建设黄河700MHz 5G定制行业虚拟专网，挖掘5G智慧生态创新应用场景，打造大江大河三角洲生态保护治理标杆。

● **解决方案**

该案例搭建了"云－管－端"的整体解决方案，主要由网络层、平台层和应用层3部分组成。在网络层，构建了黄河700MHz 5G定制虚拟专网；在平台层，建设了一体化生态监测平台；在应用层，打造了面向黄河沿岸、自然保护区、近海区域的5G智慧生态应用，如图2-100所示。该案例助力实现黄河治理及生态保护，形成"黄河安澜—滩区生态保护—决策智能高效—黄河文化弘扬—人民生活幸福"的黄河5G发展模式。

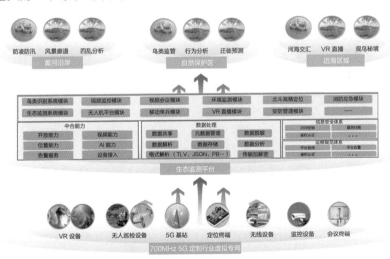

图2-100　黄河流域生态保护5G智慧生态解决方案架构

● **应用场景**

该案例的5G应用场景涉及黄河治理和生态保护两个环节，实现了5G+黄河 AI 巡防、5G+ 鸟类 AI 监管、5G+ 黄河数字孪生、5G+ 黄河 VR 直播应用场景,落地 5G 行业终端数超过 400 个,打造了基于 5G 行业虚拟专网覆盖的黄河流域生态监测、治理典型案例。

● 5G+黄河 AI 巡防:助力黄河安澜

该场景基于 700MHz 5G 定制行业虚拟专网,实现 240 处黄河视频监控、无人机、远程会商"三个全覆盖",打造黄河全面感知信息网,为工程巡查、防凌防汛提供全方位基础信息,如图 2-101 所示。利用 AI 分析,治理黄河"四乱"(乱占、乱采、乱堆、乱建)现象,"四乱"从原来的 35 处减少为 3 处。该场景改善了黄河治理 6 小时巡查 15 千米的人防模式,降低了人力成本,提高了监管效能。

图2-101 黄河5G 全覆盖部署场景

● 5G+鸟类 AI 监管:助力生物多样性保护提升

该场景基于 700MHz 5G 感知网,对 371 种鸟类进行 AI 建模,依托 5G 高速率和低时延的特性进行数据回传,实时检测分析鸟类种类、状态、分布,准确率达94%，实现实时鸟类调查综合研判，如图2-102所示。利用大数据技术，精准预测鸟类迁徙时间及路线，并结合AI技术，在鸟类迁徙重点区域对捕鸟、猎鸟等违规行为快速定位。该场景实现了对人员违规活动的有效管控，自运行以来人员违规活动减少了74%。

（a）识别鸟类状态的5G摄像头终端

（b）5G+AI鸟类识别应用场景

图2-102 5G+AI识别鸟类状态

● 5G+黄河数字孪生: 助力管理决策效率提升

该场景搭建黄河三角洲一体化监测平台, 利用5G+物联网技术整合分析黄河中下游水位、水量及含沙量数据, 保护区内监控数据, 鸟类观测数据, 海洋、陆地生物数据, 生态、环保、国土、气象、海洋等自然环境数据, 打破数据孤岛, 实现报警联动, 如图2-103所示。利用大数据+数字孪生技术, 变被动分析为主动分析, 决策效率提升95%, 助力黄河下游防汛及自然保护区生态保护工作效率的提升。

图2-103 黄河沿岸5G视频监控

● 5G+黄河VR直播: 助力黄河文化弘扬推广

该场景在黄河入海口的河心岛及执法监测船上建设700MHz 5G基站, 实现近海区域网络全覆盖, 实现河海交汇、新生湿地、野生鸟类三大黄河文化的展示。利用700MHz 5G实现近海23千米处黄蓝交汇视频的实时回传, 如图2-104所示; 依托5G大带宽特性, 利用5G+VR技术, 实现2万多人次黄河湿地的沉浸式体验, 如图2-105所示; 结合5G CA (载波聚合) 技术, 实现5G远程观鸟, 满足观鸟爱好者近距离观赏、拍摄的需求, 如图2-106所示。

（a）5G 船球机

（b）直播画面

图2-104 近海23千米处黄蓝交汇直播

图2-105 黄河入海口 VR 直播

图2-106 5G 远程观鸟

● 应用效果与推广前景

该案例的5G 应用主要取得了三大成效：**一是**实现黄河治理能力转型升级，视频质量提升45%，数据采集覆盖率达到100%，为建设智慧黄河赋能；**二是**生态治理能力初见成效，保护区鸟类监管效率提升80%，人员违规活动减少74%，决策效率提升95%；**三是**惠民生，依托良好的生态建设，打造湿地之城，提升民众幸福指数。目前，该案例已在山东多个黄河流经地市、广西漓江、海南本岛及近岸海域进行复制推广。该案例可助力全国江河的5G 智慧化升级。

第三章

社会民生
服务领域

（一）5G+智慧城市

广东消防：
网络、设备、数据三重融合助力智慧消防

所在地市：广东省广州市

参与单位：中国移动通信集团广东有限公司、中移系统集成有限公司、广东省消防
总队、广州市消防支队、中兴通讯股份有限公司、润建股份有限公司

技术特点：搭建5G多频立体网络，借助700MHz技术解决室内定位问题；通过
5G双光头盔和4.9GHz+宽带自组网技术解决室内深度覆盖和通信难
题；基于CAD图纸三维快速建模，进行消防数字可视化救援场景建
设；利用5G消息向受困人员发送施救信息和指南

应用成效：室内救援场景网络覆盖率提升40%；消防员携带设备重量减轻90%，
消防战场可视化率提升60%；形成"消防员—被困人员"双向救援、
"指挥中心—消防员"双重救援的救援方式

获奖等级：全国赛一等奖

案例背景

广东省各城市人口密度极高，地理环境多样，地形复杂，暴雨、洪涝、台风和火灾等灾害频发。2022年1至8月，广东省发生安全生产事故1723起、死亡1316人。2022年1—9月，仅广东省佛山市发生安全生产事故131起、死亡108人。

火灾发生后，消防员需要和火情抢时间，必须尽快通知人员撤离，还需要快速、准确锁定受困人员和起火点。在实际灾情预警和救援中存在两大痛点：**一是**传统网络模式下的监测手段有限，导致安全生产监测预警难度大；**二是**传统通信技术实时性差，导致快速应急救援前突体系响应慢。为解决上述痛点，广东省消防总队联合中国移动通信集团广东有限公司、中兴通讯股份有限公司、润建股份有限公司等单位，基于5G车载基站穿透火场、双UPF架构、5G消息实现现场级边缘计算、信息联动和前突指挥能力，保障被困人员、救援队、现场指挥系统之间最大限度进行信息互通，实现网络融合、设备融合、数据融合的三重融合架构，构建全场景城市救援体系。

解决方案

该案例以5G现场救援虚拟专网为核心，构建多频立体网络解决方案，采用5G头盔和自组网实现高速通信，如图3-1所示。现场指挥部采用700MHz

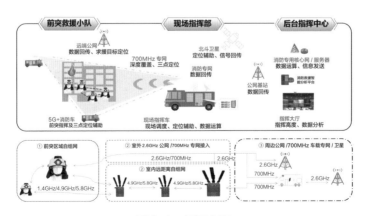

图3-1　组网方案

车载基站和极简 UPF 提供穿透覆盖、边缘运算功能，结合公网、卫星数据隧道技术，实现运算数据和指挥同步。后台指挥中心通过 2.6GHz 公网打通与前后方的数据通信通道。现场指挥和后台指挥的实时可靠通信能力能够有力保障广东消防实现救援现场透明化指挥，让救援更高效、更安全。

应用场景

消防救援实际工作包括前线现场作战和后台指挥调度两大部分：前线现场主要负责现场救援处置工作，后台指挥主要负责救援工作的总体指挥调度、数据分析处理。该案例的 5G 应用涵盖前线现场作战和后台指挥调度两个环节，通过 5G 网络实现突发情况的前后台快速连接部署。

● 5G 网络融合：全频资源组合，满足室内救援网络需求

该场景组合 5G 网络频率资源和 5.8GHz 全频资源，实现较强的组网能力。700MHz/2.6GHz 频段采用广播/控制信道干扰识别和自动规避、多段式深度滤波功能。4.9GHz/5.8GHz 频段自组网采用自主研发的增强宽带自组网协议，利用广频谱资源，突破传统自组网 20MHz 频宽限制，实现全双工高频宽的 5G 自组网，满足 99% 消防场景网络需求，相比传统网络覆盖方式可提升 40% 室内救援场景网络覆盖率，如图 3-2 所示。

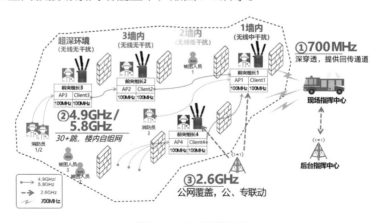

图 3-2 5G 网络融合

● 5G 设备融合：减负增能，提升救援水平

　　该场景利用5G大带宽数据通信能力，将火场消防员携带的10余件设备、25kg重量的典型装备优化为2kg的5G双光头盔和5G自组网绿盒子，减轻消防员90%负担的同时提升装备数字化能力，如图3-3所示。该场景通过综合定位和运动追踪、双光组合（可见光和红外光）双向视频传送、有害气体监测、生命体征监测等方式，实现秒级危险探测及双光识别，保障消防员生命安全。

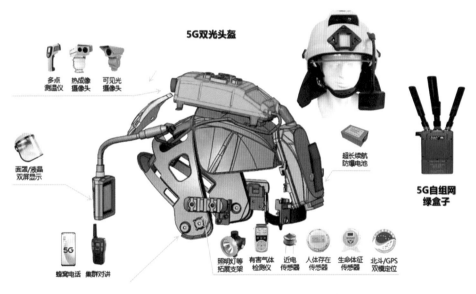

图 3-3　5G 设备融合双光头盔与自组网盒子

● 5G 数据融合：打通"数据烟囱"，提升救援效率

　　该场景基于建筑CAD图纸快速建模生成三维救援地图，结合大网后台MR（磁共振）指纹库数据和5G消息，系统能够对接消防智能接警/出警系统、消防智慧指挥调度系统。该场景通过打通数据壁垒，关联定位信息，打造数字化可视救援场景，实现多方数据的融合，提升救援效率，实现两智一图、三屏联动，如图3-4所示。

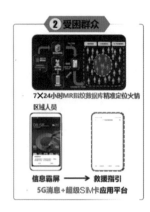

图3-4 5G数据融合场景

● 应用效果与推广前景

该案例的5G应用主要取得了三大成效：**一是**通过引入5G技术，深度契合消防救援行业应用需求，为消防救援提供强有力的网络服务，形成5G+立体救援能力；**二是**打通救援现场的5G信息交互通路，形成"消防员—被困人员"双向救援、"指挥中心—消防员"双重救援的救援新方式；**三是**开发消防队伍的救援装备，作为消防应急通信体系的组成部分，有力提升消防应急通信保障能力。该案例中的5G现场救援专网整体解决方案符合消防内部相关标准体系，可向全国293个市级、2847个县级消防队伍进行推广应用，具有较好的市场前景和显著的社会效益。

② 深圳水务：
5G 赋能城市水务高品质运营应用示范

所在地市： 广东省深圳市

参与单位： 深圳市水务（集团）有限公司、中国移动通信集团广东有限公司深圳
分公司、福田区工业和信息化局、龙华区工业和信息化局、中移物联
网有限公司、中移（上海）信息通信科技有限公司

技术特点： 利用5G胶囊机器人实现排水管网巡检，及时发现结构性隐患；利
用5G机器人、智能安全帽、AR手持巡检终端，实现水厂少人 / 无
人化；利用5G无人船、智能网关、移动布控球，提升全时空监测能
力；利用5G应急指挥车，提高水务应急作战指挥能力

应用成效： 全面提升城市水务治理能力，将5G与供排水管网、供水保障、排水
防涝、水环境创优数字场景深度融合，打造安全的城市水务生命线，
创建优质的自来水可直饮示范区，建设韧性的城市排水防涝体系，营
造和谐的水清岸绿宜居环境

获奖等级： 全国赛一等奖

● 案例背景

深圳市水务（集团）有限公司（以下简称"深圳水务"）是国内水务行业
的龙头企业，单一城市供排水服务规模居全国第一。深圳水务坚持以智慧水务
促进企业高质量发展，助力深圳创建"六水共治"的美丽中国城市示范。

深圳双区人口密度大、城市更新快，打造更加健康、安全、高效的城市

供排水系统主要面临三大痛点：**一是**超4万千米的地下管网、上百座厂站涉及海量涉密数据，导致无线环境复杂、运维巡检难；**二是**全市水源、厂、站、网、用户分布极广，导致组网难度大，监测预警难；**三是**供排水系统要求7×24小时连续不间断运行，供水中断、排涝不畅、污水入河等问题将影响人们生产、生活和生态安全。为解决上述痛点，深圳水务联合中国移动通信集团广东有限公司深圳分公司、华为技术有限公司等单位，充分发挥5G网络大带宽、低时延、数据安全等优势，将5G与高品质供水、排水防涝、水环境创优数字场景深度融合，首创5G胶囊机器人，落地20余项5G智慧水务场景，筑牢城市供排水安全防线，引领水务数字化转型。

🔵 解决方案

该案例结合城市水务应用实际特征，依托运营商5G网络的城市广域覆盖能力，部署UPF实现水务业务数据定向分流，保障水务业务数据安全；通过5G切片技术，实现水务专网业务与公网业务数据隔离，叠加5G本身具有的高安全性，打造一张安全可靠的城市级水务专网，承载水务集团水厂、管网和二次供水等5G行业终端业务，助力水务生产作业管理、设备态势感知、数字化可视运营，一网统管5G智慧化业务，如图3-5所示。

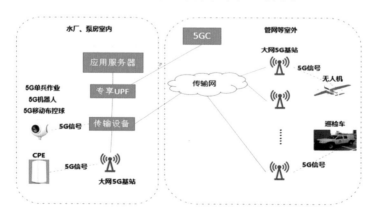

图3-5　城市级5G水务行业虚拟专网

● 应用场景

深圳水务以"夯实智慧水务数字底座、重塑智慧水务体系架构、加速水务领域数据融合、提升水务行业综合治理能力"为主要任务，通过5G助力资源整合统筹建设，实现水务信息全面获取，资源集约化利用，提升水务行业综合治理能力。

● 5G+数字管网、智慧厂站：提升城市水务全链条运维能力

该场景通过自主研发5G胶囊机器人，如图3-6所示，结合在井口布设5G便携式基站，实现地下管网60m范围网络覆盖，实时回传影像资料，有效提升隐患排查效率，每年辅助消除管道结构性隐患近百处，有效杜绝管网管养不善导致的塌陷事故。

图3-6 5G胶囊机器人

同时，该场景借助5G室内定位技术重点打造少人/无人智慧水厂，如图3-7所示。该场景通过机器人AI视频巡检识别水淹、火灾、设备故障、违规作业等生产安全隐患，人工巡检频次降低至每天1次，保障安全生产零事故。

● 5G+无人船：提升水务全时空监测预警能力

过去的河道完全依靠人工巡视发现外来人员违法入侵、违规捕捞和污水入河的事件，现在可以通过5G广覆盖和AI视频巡检的方式，运用5G+无人

图3-7　5G少人/无人智慧水厂

船，实时回传现场的高清视频异常事件，及时报警并触发语音警示，大幅减少了人员溺水和水体污染的风险，如图3-8所示。

图3-8　5G+无人船

● **5G 应急调度：提升城市级水务应急作战指挥能力**

该场景通过5G城市级广域虚拟专网，在水厂、管网等区域配置智能安全帽、移动布控球等终端，在应急处置现场布置5G应急指挥车，构建前后端联动的应急指挥管理体系，实现应急指挥车与调度中心超高清视频会商联动、一键应急和沉浸式指挥，融入深圳城市应急体系，如图3-9所示。城市排涝协同效率提升1倍，暴雨退水时间缩短75%，应急处置效率提升1倍。

图3-9 5G应急指挥联动

● 应用效果与推广前景

该案例的5G应用主要取得了三大成效：**一是**利用5G技术提高城市水务全时空监测预警能力，形成"从源头到龙头"的饮用水安全保障体系支撑，对标国际一流标准，为深圳市实现2025年全城自来水可直饮提供坚实基础；**二是**依托5G技术，构建了行业内首批数字管网巡检与少人智慧厂站运营模式，实现全市上千座水务设施的智慧高效运转，实现一网统管、一网协同和一键响应；**三是**运用5G技术全面提升排水防涝、水污染等应急突发事件处置效率，做到统一指挥、协同资源、迅速反应、辅助决策。目前，该案例已在深圳水务洪湖水质净化厂落地相关应用，并有望在全国7省23个市复制推广5G专网、5G水务终端、5G+厂站网解决方案及应用平台等全链条服务。

③

安徽公安：5G 赋能智慧警务创新实战

所在地市：安徽省合肥市

参与单位：安徽省公安厅、中国电信股份有限公司安徽分公司

技术特点：依托5G 和量子技术建立公安虚拟专网，实现与现有公安网络融通；
利用5G+ 指挥调度，实现 PDT（专业数字集群）网络实时指挥调度；
利用5G+ 重大安保，实时监测触发警情，提高活动现场安全性；利用
5G+ 立体巡防，将公安专网视频数据直接推送到一线警务终端，提高
执法办案效率

应用成效：警力释放度提升30%；破案率提升10%；执法办案时效提升10%

获奖等级：全国赛一等奖

● 案例背景

安徽省公安厅是省政府组成部门，是全省公安工作的领导机关和指挥机关。安徽省公安厅设有警务督察、治安管理、刑事侦查、出入境管理、物证鉴定管理等处级机构，分别承担有关业务。

因公安行业对数据安全的严苛要求，5G 警务数据在公安专网中只进不出，极大地限制了5G 在公安实战中的深度应用。在一线实战中存在两大痛点：**一是网络覆盖不足**，PDT 对讲作为公安指挥调度中的主要手段，存在区域覆盖弱、信号盲区、经常掉线等问题，公安各层级人员无法顺畅进行信息交互、难以做到实时指挥调度；**二是执法效率不高**，公安人员在街面巡逻和执法办案过程中，深度依赖各类图像和视频信息，受限于数据安全性要求，

公安专网的各类视频数据无法直接推送给一线警务终端，导致执法办案效率低。为解决上述痛点，安徽省公安厅联合中国电信股份有限公司安徽分公司利用5G网络开展5G智慧警务创新应用，在平安城市建设、预防打击犯罪、城市管理、应急处突、行业治理等方面的应用已初具成效，在提升市域社会治理"智治"水平、提升治安形势研判预警能力、提升公共安全管控打击能力等方面发挥了重要作用。

● 解决方案

安徽省公安厅运用5GC（5G核心网）整体下沉模式，实现控制流和数据流的完全隔离。依托5G和量子技术建立新型公安虚拟专网，与现有网络融合互通，解决了5G数据进入公安内网的通道问题。通过下沉5GC将警用数据分流至省级PDT专网、省级视频专网和公安移动信息网。配备量子SSL VPN，进一步加强5G警用用户数据的安全性。安徽省公安厅5G行业虚拟专网总体建设方案如图3-10所示。

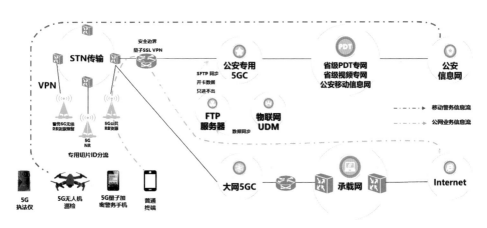

图3-10 安徽省公安厅5G行业虚拟专网总体建设方案

● 应用场景

该场景依托5G和量子技术建立新型公安虚拟专网，打通与现有网络的融合互通，解决了5G数据进入公安内网的通道问题，让数据安全、高速流动起来，畅通公安大数据服务一线民警实战渠道，全面提升公安机关战斗力水平。

● **5G+指挥调度：实现PDT网络实时指挥调度**

该场景充分运用运营商5G网络的大连接、广覆盖特性，在全国率先实现警用PDT网络和5G行业虚拟专网互联互通，从根本上解决了PDT网络信号盲区较多、经常掉线、无法呼叫、难以做到实时指挥调度等问题。当重大警情发生时，指挥中心精准调度一线警员参与作战，一线警员之间实现实时信息互通，应急冲突实现秒级响应，公共安全事件处置效率大幅提升，如图3-11所示。目前，安徽省公安厅已实现PDT网络100%覆盖，警力调度能力提升30%。

图3-11　5G+指挥调度

● 5G+重大安保：提高重点活动现场安全性

　　该场景借助5G行业虚拟专网的大带宽、低时延特性，有效解决重大活动时人员进出管控难、巡逻排查效率低、调度指挥交互难等问题，如图3-12所示。该场景通过5G AI识别实现报警联动，有效监测重点人员、车辆的闯入；5G高密度摄像机可同时识别30张人脸，大幅提高人员侦查的效率。该场景结合5G无人机和5G机器人、5G AR眼镜等多种立体巡逻设备，实时全方位监测触发警情，提高活动现场安全性，极大地减少警力投入。目前，通行管控效率提升50%，释放警力30%，指挥调度效率提升60%。

图3-12　5G+重大安保

● 5G+立体巡防：提高一线民警执法办案效率

　　该场景在保障公安专网视频数据安全性的基础上，通过移动警务、"雪亮工程"等各警种的监控视频与公安定制5G行业虚拟专网的全面融合，实现视频数据高速回传。一线警员可以在各类警务终端上调看、存储数据，结合AI算法实现智能分析，全面提高立体巡防实战能力，如图3-13所示。该场景落地后，预警率提升20%，破案率提升10%。

图3-13 5G+立体巡防

🔵 应用效果与推广前景

　　该案例的5G应用主要取得了两大成效：**一是**通过5G+量子融合通信技术，保障公安数据安全交互，打通5G行业虚拟专网与PDT专网的交互通道，在PDT网络覆盖弱的区域，借助5G网络实现实时调度；**二是**借助安全高效的5G行业虚拟专网，大幅提升了一线警员的执法效率。根据权威机构测评，警力释放度提升30%，破案率提升10%，执法办案时效提升10%。目前，该案例已初步形成较为完整的产业发展链条，可以输出行业标准化解决方案，有助于打造安徽样板。从社会效益上看，该案例助力公安干警提升实战能力，打造主动高效新警务，提高公共安全治理水平。

（二）5G+智慧教育

①

河南警察学院：
助力实训降本、增效，提升服务能力

所在地市： 河南省郑州市

参与单位： 河南警察学院、中国移动通信集团河南有限公司郑州分公司、公安部第一研究所、中移（苏州）软件技术有限公司

技术特点： 利用5G、云计算、VR等技术，实现警务实训线上化、虚拟化；利用警务VR终端设备，满足线上警务实训逼近现实需求；利用云化平台，减少各地市部署成本及终端计算压力，使河南省各级公安队伍同时接入实训；利用虚拟化数字课堂，实现新型警务案件在短时间内数字化上线，提升实训的时效性

应用成效： 警务实训效率提升60%，实训成本降低40%；培训干警数万人次

获奖等级： 全国赛一等奖

● 案例背景

河南警察学院是一所公安本科院校，也是公安部警务实战训练基地。作为河南省公安机关的重要组成部分，河南警察学院已成为输送河南公安新生力量的主渠道、在职民警培训的主阵地、公安智库研究的主平台、重大安保活动的生力军，被誉为"中原警官的摇篮"。河南警察学院全日制在校生共有5784人，年均培训干警16 000人次。

河南警察学院作为警务实战训练的中坚力量，在实现智慧教育转型中存在三大痛点：**一是**固定场所线下集中培训方式费时费力，每次训练需要脱岗进行，导致基层警力不足；**二是**线下培训成本高，目前河南省警察培训方式主要为每半年全省轮替一次，每年培训费用高达8000万元；**三是**线下培训时效性低、效果差，随着各种新型警务案件层出不穷，每半年一次的训练频次导致警员作战能力无法得到及时、有效提升。为解决上述痛点，河南警察学院联合公安部第一研究所、中国移动通信集团河南有限公司郑州分公司等单位，研发了基于5G+VR技术的省域互联警务实训系统，通过VR助力实训数字化升级。

● 解决方案

该案例建设了一张5G行业虚拟专网，并部署了一个协同制造中心云平台。通过"云边协同"实现实训的中心管理，开发了一套警务实训VR专用终端。根据警务实战的要求，专用终端设备的外观、重量、操作方式均与实际接出警警员所戴装备保持一致，形成了集视觉、听觉与触觉三位一体的逼真虚拟实战环境，打造了警务训练的全新模式。基于5G网络的虚拟警务实训技术架构如图3-14所示。

● 应用场景

该案例依托5G行业虚拟专网，梳理了整个警务实训过程，完成了警务虚拟实训的全生命周期管理，并根据警务实训特点形成了"小空间单警实

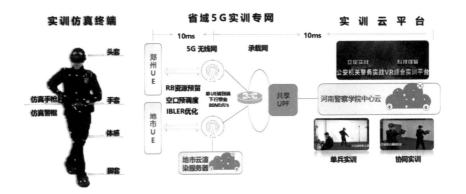

图3-14　基于5G网络的虚拟警务实训技术架构

训""大空间多人协同实训"两种训练模式。目前，该案例已开发警务战术、防爆排爆、犯罪现场勘查等五大类课程，实训规模达数万人次。

● **5G+VR 警务实训终端：提升实训真实性**

传统 VR 实训通过键盘、鼠标及手靶等进行操作，与现实执法中的装备在外观、重量或手感上体验不同，影响训练效果。该场景根据警务实战要求，研制了多款 1 : 1 仿真的 VR 警务终端，包括 VR 头显、定位手套、体感设备等，并开发了 VR 92式手枪、VR 伸缩警棍、VR 防爆盾等警务设备，如图3-15所示。该场景所有 VR 设备的外观、重量、操作方式均与实际装备一致，形成了集视觉、听觉与触觉三位一体的逼真虚拟实战环境，提升了实训体验及效果，开创了警务训练的全新模式。

● **5G+VR 小空间单警实训：实现碎片化轮值、轮训**

该场景通过5G+VR 警务实战训练方舱实现，方舱采用三维建模技术构建训练场景，利用动作捕捉技术实现多人、多点在同一虚拟场景中进行人人或人机交互，如图3-16所示。该场景通过5G 互联支持同一课程多人、多点接入，可实现分布式训练。单个 VR 小空间单警训练方舱仅占地9平方米，并且涵盖80%以上的通用训练场景，可部署于基层派出所，随时开展警务培训。

图3-15　携带警务 VR 设备实训的警员

相比于原有需50平方米以上的集中部署方式，该场景的部署方式更加灵活。学员利用碎片化时间完成轮值、轮训，可使基层警员不离岗，每月为全省增加在岗警力3000人次，缓解基层警力不足的现状。

图3-16　5G+VR 小空间单警实训

● 5G+VR 大空间多人协同实训：实现线上虚拟对抗协同作战

　　该场景借助 5G 广连接、高可靠的特性，为多人警务实战提供稳定的多人协作训练场景，如图 3-17 所示。通过搭建 5G 行业虚拟专网与警务专网 VR 设备连接，与部署在学校的 5G+MEC 进行数据交互，各地公安系统仅需部署警务 VR 终端即可通过 5G 行业虚拟专网接入实训系统，通过实训平台实现跨省、跨地市线上协同训练及模拟对抗演练，形成了接警、出警、处警及现场控制的综合实战演练模式，打造沉浸式实操训练场景，提升警员综合作战能力。目前，大空间多人协同实训补充了小空间单警实训没覆盖到的 20% 的关键场景，实现警务实训全场景闭环。

图 3-17　5G+VR 大空间多人对抗实训室

● 应用效果与推广前景

　　该案例的 5G 应用主要取得了三大成效：**一是**教学科研成果显著，已开发 5 类实战教学训练系统，单人单机训练和多人联机训练两类 VR 训练科目，覆盖持刀、持枪抢劫，故意损毁财物，打架斗殴等8类警情。该场景依托 VR 警务实战实训平台，获批了河南省两项虚拟仿真实验教学项目，并取得了5项软著成果；**二是**经济效益显著，经测算对比，轻量化云端课程部署及警员远程培训每年累计节省成本约6750万元；**三是**培训效率大幅提升，从原来集中培训的3年/轮到1年/轮，轮值轮训效率提升超60%。目前，该案例已累计培训学员超过10 000人次，实现在铁道警官学院、基层实战单位复制应用。该案例立足河南，逐步迈向全国，首先，将在河南共计18地市的公安执法单位建立全省大范围互联的全公安体系贯穿示范；其次，面向全国26所警察院校复制推广；最后，将利用技术优势，在教育、高危、执法等特殊行业全面推进。

② 西安交通大学：教、考、评、管智慧化升级

所在地市： 陕西省西安市

参与单位： 中国电信股份有限公司陕西分公司、西安交通大学、天翼物联科技有限公司、联想控股股份有限公司、华为技术有限公司

技术特点： 利用5G融合双域虚拟专网，形成四网融合统一管理；利用5G+互动教学平台，替代传统听说式教学；利用5G+智能考试平台，提升考试安全水平和便捷程度；利用5G+全过程综合评价平台，提高教育质量

应用成效： 平台兼容8个厂家23个5G AI巡考终端设备；每年服务校内外师生138万人次；预警帮扶学生约1万次；5G双域虚拟专网连接设备超10万台

获奖等级： 全国赛一等奖

● 案例背景

西安交通大学扎根西部、服务国家，以实际行动铸就了"西迁精神"。"西迁精神"的核心是爱国主义，精髓是听党指挥，跟党走，与党和国家、与民族和人民同呼吸、共命运。西安交通大学积极落实"西迁精神"，以国家战略为导向，积极推进5G智慧教育建设。

西安交通大学智慧教育在数字化转型中存在五大痛点：**一是**5G网络与校园网建设和运维主体不同，互联互通融合管理难；**二是**教学互动不充分、形式单一，缺乏在线教学模式创新；**三是**考试组织管理不灵活，尚未满足移动

化、视频化、数据化考试需求；**四是**师生评价系统智能化运维水平低，全过程综合评价难；**五是**校园各安防系统相互独立，智能化运维水平低。为解决上述痛点，西安交通大学联合中国电信股份有限公司陕西分公司、天翼物联科技有限公司、联想控股股份有限公司、华为技术有限公司等单位，积极推进以5G、AI、大数据、物联网等为技术支撑的智慧教育建设，促进教育公平化、智能化、个性化。

● **解决方案**

该案例构建一张能够承载有线、无线、物联网及5G网络的四网融合平台体系，该平台体系能够满足园区内各种数据终端及传感设备在任意位置的灵活接入、快速上线及业务延续，如图3-18所示。该案例采用云化技术架构，解决传统物理网络难扩展、难调整、难运维的问题，通过网络的"硬件资源池化"，实现统一承载、按需定义、弹性扩展，支撑西安交通大学5G智慧教育的创新实践。

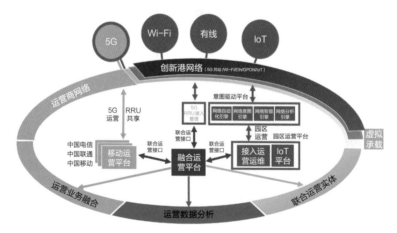

图3-18　5G智慧校园四网融合平台体系

● **应用场景**

该案例依托5G网络构建涵盖教学、考试、师生评价与校园管理4个主要环节的智慧教育生态，实现学校有线网、无线网、物联网、5G 网络的互联互通，覆盖教、考、评、管场景的大规模 5G 智慧教育典型应用。

● 5G 融合双域虚拟专网：形成四网融合统一管理

该场景基于 5G 网络打通校内有线网、无线网、物联网，形成四网融合统一管理网络，随时随地、无感知访问公网与校园虚拟专网，打破了校园网原有的建设运营模式，如图 3-19 所示。目前，该场景基于双域专网与 5G 业务切片，服务 6 万校内外师生安全开展教、考、评、管应用，在新冠肺炎疫情期间发挥了重大作用。

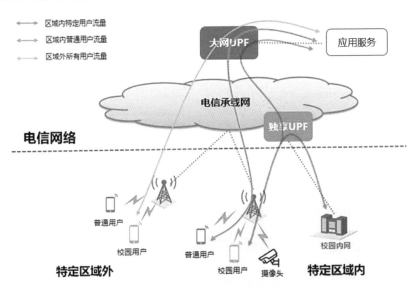

图 3-19　5G 融合双域虚拟专网

● 5G+互动教学平台：替代传统听说式教学

该场景通过 5G 本地化处理 AR/VR、超高清视频等多媒体数据，构建沉浸式 5G 互动教学，推动在线教学模式创新，如图 3-20 所示。目前，该场景已利用 AR 技术在创新港校区和兴庆校区引入虚拟教学资源。同时，在西安交通大学附属中学生物实验课上开展基于 5G+ 知识森林的青蛙解剖虚拟仿真实验，并将相关资源向全国高校和学生开放共享。

图3-20　5G+互动教学平台

● **5G+智能考试平台：提升考试安全水平和便捷程度**

为满足多元化考试对移动化、视频化、数据化的需求，该场景通过5G移动巡考、监考快速布点、5G考试业务切片等方案对线下／线上、校内／校外各类考试场景提供智能化支持，实现"教""考"相辅相成，如图3-21所示。目前，5G智能考试平台兼容8个厂家的23个5G AI巡考终端设备，每年服务校内外师生138万人次，实现安全、便捷的考试。

图3-21　5G+智能考试平台

● 5G+全过程综合评价平台："四精准"提高教育质量

为满足高质量教育中综合素养评价的要求，该场景通过5G与大数据实时分析技术相结合，对师生进行全方位、全场景、全过程综合评价分析，为辅助决策提供数据支持，解决了全过程综合评价难题，如图3-22所示。目前，该场景已基于5G实现精准数据采集、精准课堂评价、精准教师督导、精准学生帮扶的"四精准"评价体系，实现课程预警，帮扶学生约1万次。

图3-22　5G+ 全过程综合评价平台

● 5G+智慧校园：立体化、全场景、智慧化学习环境

该场景基于5G运营管理平台实现校园内多个安防系统统一管控，实现设备互联，促进资源集约化，打造5G智慧校园，解决校园安防智能化运维管理水平低的问题。通过建设5G统一运营中心，该场景构建了立体化、全场景、智慧化的校园安全管理体系，接入5G双域虚拟专网设备已超10万个，如图3-23所示。

应用效果与推广前景

该案例的5G应用主要取得了两大成效：**一是**实现教、考、评、管全场景覆盖的5G智慧教育融合应用，并实现叠加效应，突破120多项5G智慧教育技术；**二是**打造了没有围墙的5G智慧学镇，并通过中国软件评测中心等机构鉴定测试，先后获得国家科技奖进步奖、国家教学成果奖等。目前，该案例已孵化5G、智慧教育人才超千人，主持智慧教育领域的国家重点研发项目与

图3-23　5G+智慧校园整体架构

新一代人工智能重大专项，开展了"一带一路"国际工程科技培训，为115个国家培训工程科技人才46 000名，疫情期间服务师生1.2亿次，被联合国教科文组织评价为"中国方案"。该案例已在国内超过95所院校、国外超23所院校规模复制，未来在智慧教育市场将服务约2800所高等院校、4000万高校师生、20万中小学和260万教职工。

（三）5G+智慧医疗

1

河北医科大学第一医院：
打造5G 数智化全景医院

所在地市：河北省石家庄市

参与单位：河北医科大学第一医院、中国移动通信集团河北有限公司

技术特点：依托5G 医疗虚拟专网＋网络切片，实现数据不出院；打造覆盖院前
　　　　　急救、院内急诊、住院治疗、康复出院的全流程5G 智慧医院

应用成效：提升医疗服务的能力和效率；对缓解医疗配置地区间不平衡起到重要
　　　　　作用；智慧医疗增加收入340万元；智慧服务节省成本115万元，智
　　　　　慧管理节省成本157万元

获奖等级：全国赛优秀奖

案例背景

河北医科大学第一医院位于河北省石家庄市裕华区，是国家卫健委脑卒中筛查与防治基地、国家干细胞临床研究机构、心血管介入诊疗培训基地、国家药物临床试验机构和全国健康管理示范基地。河北医科大学第一医院是一所集医疗、教学、科研、预防保健、急救和健康管理为一体的三级甲等综合性医院，曾获得"全国改善医疗服务群众满意的医疗机构"荣誉称号。

河北医科大学第一医院在数字化的转型中存在三大痛点：**一是**急诊患者信息传递不及时，易错失黄金救助时间；**二是**医疗资源分布不均匀，偏远农村地区无法获得优质医疗资源；**三是** ICU 环境要求严格导致探视难，如病人家属进入时没有做好隔离与防护，病人将面临二重感染风险。为解决上述痛点，河北医科大学第一医院联合中国移动通信集团河北有限公司，将 5G 网络大带宽、低时延、高安全等特点与医疗场景相结合，从智慧医疗、智慧服务和智慧管理 3 方面提升数字化、智能化水平，使更多患者享受更好的医疗服务，让患者在"家门口"放心看病。

解决方案

该案例以"端 + 管 + 台 + 云"架构为基础，依托医疗虚拟专网 + 网络切片实现数据不出院，打造覆盖院外急救、院内诊治、院间救助的全流程 5G 智慧医院，如图 3-24 所示。该案例以行业虚拟专网为传输管道、以边缘云平台为核心，融合 5G 切片技术和边缘计算技术，满足连接、计算、安全等融合服务需求。同时，该案例通过多样医疗设备和终端接入，实现视频通信、信息传递、位置获取、QoS 保障、本地分流、网络切片和图像识别等多样化服务信息聚合，支撑会诊、急救、护理和探视等多类医疗应用场景落地，提高医务人员的工作效率及医疗机构的服务水平。

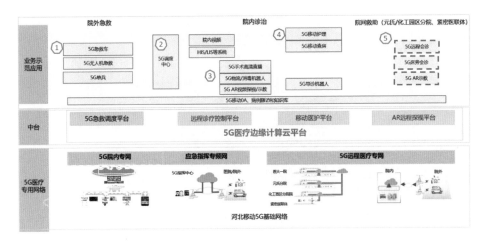

图3-24　5G智慧医院解决方案架构

● 应用场景

该案例从智慧医疗、智慧服务和智慧管理3方面提升医院数字化、智能化建设水平，先后落地5G床旁医疗、5G智慧手术、5G院前服务、5G院务管理等多类应用场景。

● 5G床旁医疗：促进医疗资源下沉

该场景包含5G远程诊断和5G床旁检查两部分：5G远程诊断打通基层医院与上级中心医院构建全景协作的通路，通过全景摄像头、特景摄像头、医疗专用设备等采集数据信息，并依托5G网络实现远端复现，达到"面对面"的诊断效果。5G床旁检查通过在病房内配置满足医疗行业抗菌消毒、电磁兼容、传输可靠、可移动的要求的移动查房车、移动B超等检查设备，实现患者小检查不出屋，改善患者检查、检验服务体验，如图3-25所示。

● 5G智慧手术：推动教学智能化

该场景包含5G+VR手术示教与5G手术直播两部分，其中5G+VR手术示教利用5G医疗专网的4K视频远程会诊，实现远程心电、远程病理等数据实时回传。同时，利用VR技术实现远程全景手术示教，完成各专业住院医师

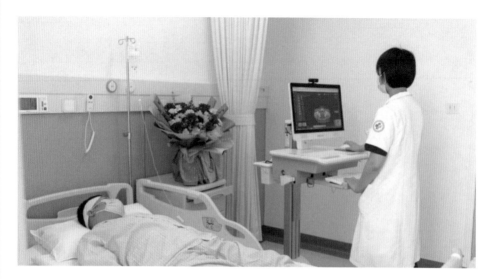

图3-25　5G床旁检查

和全科医院的规范化培训任务；5G手术直播则利用5G技术接入手术直播和指导，手术指导专家与手术室间建立全景协作通路，对手术进行远程指导，如图3-26所示。

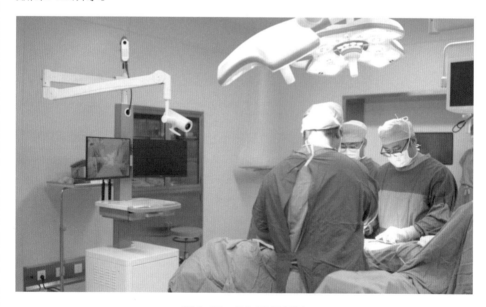

图3-26　5G手术直播

● **5G 院前服务：实现就诊及时化**

该场景包含5G 急诊视频在线问诊、5G 地空一体院前急救两部分：5G 急诊视频在线问诊利用5G 虚拟专网低时延、广连接的特性，面向900万 IPTV 用户可通过直接在线预约、在线缴费发起问诊申请，医生收到问诊申请后即可在线了解患者相关信息并发起视频问诊，患者点击接通即可与医生进行面对面视频沟通，以实现"面对面"诊断。5G 地空一体院前急救则通过5G 网络实时、准确回传数据，实现网联无人机、网联直升机、5G 救护车等终端设备数据实时共享。同时，该场景配备专用5G 指挥中心用于急救指挥，以实现院前急救与院内救治的无缝对接，如图3-27所示。

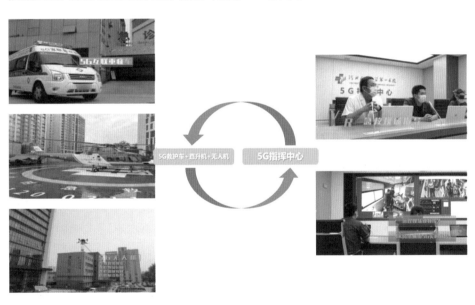

图3-27 5G 地空一体院前急救图

● **5G 院务管理：推动管理数字化**

该场景包含5G+AI 数字全景监控及5G 资产信标定位两大部分：5G+AI 数字全景监控基于5G 医疗专网，对大型影像设备进行数据自动采集，结合人工智能分析技术，实现院内人员报警管理、规定线路巡检、人员运动轨迹追踪、人脸通行管理与刷脸支付等场景应用，及时获取医院整体的动态运行情况，并为医院提供一个科学合理的采购评价、动态监管体系，如图3-28所示。5G资产信标定位通过5G医疗专网实时感知医院各层设备位置及使用情况，可以根据设备的使用时间合理安排设备运维检修，大幅节约寻找设备的时间。

图3-28 5G数字全景医院图

● 应用效果与推广前景

该案例的5G应用主要取得了两大成效：**一是**创新服务营收模式，以5G手术直播为例，通过各级医院与专业性医院专家的实时手术指导，节约直播费用120万元；**二是**改善患者就医体验，如急诊视频问诊方便患者在线预约，缩短外出就医时间1 ~ 2小时，服务效率提升约60%。该案例依托上下联动、多级协作的机制，有望在省内医院甚至其他省份医院复制推广。同时，该案例可带动VR拍摄、AI诊疗、环境监测等方面的5G智能诊疗设备发展。

② 广州市八院：
助力方舱医院智慧化、高效管理

所在地市：广东省广州市

参与单位：广州医科大学附属市八医院、中国联合网络通信有限公司广州市分公司、联通（广东）产业互联网有限公司、中兴通讯股份有限公司、中国联合网络通信有限公司广东省分公司

技术特点：以5G云网＋医疗大数据平台为底座，快速拉通多家异构医院核心数据；5G＋云计算技术实现方舱云化、智能管理

应用成效：将单个方舱医院的建设周期压缩至48小时；系统部署速度提升100%；全省对接医院34家，2022年12月广州疫情暴发以来累计交付24个方舱共40个舱馆，在全国12省、19市复制

获奖等级：全国赛二等奖

● 案例背景

广州医科大学附属市八医院（以下简称"广州市八院"）是一所百年传染病专科医院，是广东省高水平医院建设单位、国家感染性疾病临床医学研究中心核心单位及国家病毒资源库共建单位。疫情以来，作为收治新冠肺炎患者的定点医院，广州市八院为有效保障广大市民身体健康、维护广州社会稳定做出了突出贡献。

在疫情常态化防控背景下，广东省疫情防控面临两大痛点：**一是**医疗资源有限，轻症感染患者大规模收治引发医疗资源严重不足；**二是**方舱医院建设

刚刚起步，建设及管理经验不足，均处于"摸着石头过河"的阶段。为有效解决上述痛点，广州市八院联合中国联合网络通信有限公司广州市分公司、中兴通讯股份有限公司等单位，创新实践基于5G医疗虚拟专网的"云上方舱"项目，用科技助力疫情防控。

● 解决方案

该案例构建了适用于"5G智能方舱"的行业虚拟专网，实现了方舱中各种接入设备和平台之间数据的安全稳定传输。该案例创新性提出"1+1+*N*"的5G云上方舱建设模式：通过构建"5G云网+医疗大数据"平台底座，快速拉通多家异构医院核心数据；通过构建"云上母舱"系统，实现云上方舱统一运营管理平台及智慧管理等各类应用服务落地部署；通过"云上子舱"系统实现广州各区的业务互联互通，如图3-29所示。该建设模式实现了全市方舱医院信息化的统一纳管和数据流转，为智慧防疫指挥提供重要支撑。

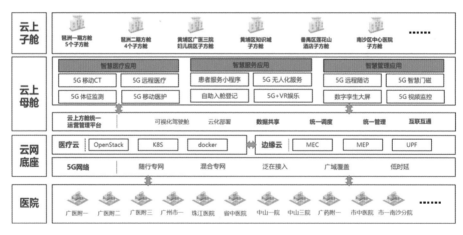

图3-29 "1+1+*N*"的5G云上方舱实现架构

● 应用场景

该案例依托5G行业虚拟专网与MEC的云边协同，建设了"5G智能方舱"运营平台。该案例通过整合核心能力与定制化模块开发，部署了5G无人配送、5G 智慧医疗、5G 智慧消防安防等多种应用场景，实现院前、院中、院后全环节覆盖。

● 5G 无人配送：大幅提升配送效率

该场景依托无人化业务平台开展，实现了移动医疗机器人、消杀机器人、物流无人车、室内配送机器人等多类5G 终端接入，如图3-30所示。同时，在"5G+北斗"定位技术的深度赋能下，5G 智能终端可实现精准可控，高效支撑方舱医院内外人员管理与物资配送，如5G 移动医疗机器人通过将温度监测与

（a）无人化平台

（b）5G 移动医疗机器人

图3-30　5G 无人服务场景

通行管理系统相结合，在无感知的情况下，对进出人员进行无接触测温、出入通行留痕、信息查询等，满足全程零接触、远程部署等需求，实现了对人脸等敏感信息的本地化闭环，保证了数据的安全性。该场景减少清洁消杀人员超过10人、减少运维人员超过42人，并减少交叉接触节点15个以上，方舱医院人员转运时间缩短30分钟，样本配送时间缩短20分钟，有效降低了人力成本，避免方舱医院内人员交叉感染。

● 5G智慧医疗：方舱升级数字病房

　　该场景通过"5G智能方舱"专网，将广州市八院方舱医院医护站与运营商数字病房系统进行连接，并接入广东省远程医疗平台、三甲医院、广州市八院的远程会诊平台，如图3-31所示。在5G广泛接入的基础上，将5G生命雷达信号检测装置、5G多参数采集设备安装于方舱医院病房，在病床边即可进行体温、血压、脉搏、血氧等数据的实时采集，监测数据通过5G行业虚拟专网上传至云平台，平台对患者身体状况进行自动分析。该场景共接入智能设备1500余台，实现了2000余个床位患者的体征随时监控，全面提升了方舱医院工作效率、就医体验及管理水平，促进方舱医院向现代化、智能化转变。

图3-31　5G方舱医院管理平台

● 5G 智慧消防安防：保障方舱医院安全

方舱医院内人员密集，一旦发生火灾可能导致人员伤亡。为保障安全，该场景将新型智能灭火器通过5G网络与"5G智能方舱"的运营管理系统相连接，实时同步设备的压力、温度、位置等信息，实现对终端设备的集中监控，如图3-32所示。该场景使传统的灭火测试在平台上即可轻松完成，无须现场管理人员来回走动，大幅减轻操作人员工作压力，并有效节省了人力和物力。

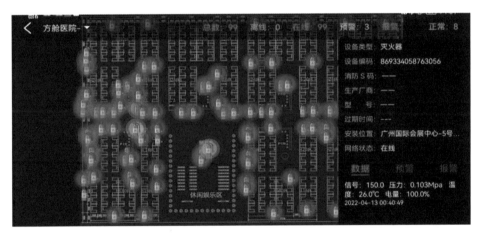

图3-32　5G 智能方舱消防设备管控平台

● 应用效果与推广前景

该案例的5G应用主要取得了两大成效，**一是**方舱医院建设周期大幅缩短，由7天降至48小时，系统部署速度提升100%，实现"开箱即用"；**二是**实现"入舱 - 治疗 - 服务 - 出舱"的舱内外全流程防控闭环，单个方舱医院减少作业人员50人以上。该案例成功应用于广州疫情防控，配置床位超11万张，收治病人超1.8万人，对接医院34家。此外，该案例为广东省方舱医院建设输出标准规范，能够在广东省内及新疆、山西、海南、河南等国内其他省份快速推广。

北京急救中心：
紧急医疗救援5G 急救系统集成项目

所在地市： 北京市

参与单位： 北京急救中心、北京远盟健康科技有限公司、中国移动通信集团北京
有限公司、中国联合网络通信有限公司北京市分公司、东华医为科技
有限公司、中移（成都）信息通信科技有限公司

技术特点： 基于5G、人工智能、云计算等技术，实现指挥调度、应急联动以及
院前院内信息传输的融合，为急救中心打造一站式工作平台

应用成效： 优化面向公共事件的应急指挥业务体系；实现突发事件快速响应；提
高急危重症患者救治效率；院前急救平均反应时间缩短至15分钟左
右，心肺复苏成功率由不足1% 提高至2.2%

获奖等级： 全国赛二等奖

● 案例背景

北京急救中心位于北京前门西大街，前身为北京市急救站，由意大利政
府与中国政府合作建设，是北京市三级甲等急救中心。北京急救中心以院外
急救、现场抢救治疗病人及医疗监护下转送病人为主，承担着北京市医疗救
护和重大意外灾害事故抢救任务。

北京急救中心救护车救援过程面临三大痛点：**一是**受限于传统无线网络
传输时延，以远程指导为代表的信息化手段相对缺乏；**二是**设备状态及患者
检验检测数据无法快速追踪，信息溯源支撑数据严重不足；**三是**救援过程中

的沟通手段单一，多依靠电话沟通，医生了解到的患者信息有限。为解决上述痛点，北京急救中心联合中国移动通信集团北京有限公司、中国联合网络通信有限公司北京市分公司、北京远盟健康科技有限公司等单位，以5G技术为核心，将急救中心的业务、管理、服务医疗保障等系统融为一体，为急救中心创造更高的经济效益和社会效益。

● 解决方案

该案例通过城市级共享性MEC部署及5G网络切片技术应用建设了一张适用于急救中心的5G行业虚拟专网。该案例形成"1平台+2能力+3基础+7应用"的建设架构，构建了1个智慧急救云平台，以5G行业虚拟专网、人工智能、大数据为基础，实现人工智能应答机器人、基于5G高级调度在线生命保障系统、5G突发事件应急保障系统等7大应用场景，提升了5G急救保障能力和急救医疗信息化服务能力，如图3-33所示。

图3-33　5G急救系统集成项目整体方案

● 应用场景

● 5G+急救调度：实现突发事件及重大活动应急保障

突发事件发生时的响应速度和处理效率直接影响急救医疗的救治效果。

该场景依托5G技术，融合人工智能、大数据、云计算等技术构建急救指挥决策平台。指挥中心借助急救指挥决策平台可实时了解现场情况和伤者生命体征情况，及时做出急救调度和相关指挥决策，以实现突发事件处置和重大活动医疗保障可视化动态管理。该场景帮助急救人员更科学、高效地应对各种灾难或突发事件的挑战，同时可扩展到赛事保障、应急救援等场景，图3-34所示为2022年北京马拉松应急保障应用场景。

图3-34　2022年北京马拉松应急保障应用场景

● 5G+数据交互：实现急救全流程管理

该场景基于5G网络实现院前急救设备实时数据、车辆位置信息、急救电子病历信息等实时交互，对院前急救信息进行采集、传输、存储、处理、展现，及时进行视频会诊，全面提高院前急救系统的单位时间救治能力。基于5G+数据交互，医生可调阅患者各时间段的信息记录，并通过急救数据的整理回溯实现急救流程质控，从而提升院前急救的信息化水平，实现院前急救与院内救治的无缝对接。该场景通过打造上车即入院的医疗服务模式，累计利用

5G 技术传输心电图像和远程会诊 6000 余次, 提高急救成功率 20% 以上。

● **5G+转运护送: 打造标准化 5G 救护车**

5G 标准化救护车是以 5G 技术为基础, 将多功能生理监测仪、超声诊断仪等多种设备的数据整合起来, 实现院前与院内数据顺畅连接, 如图 3-35 所示。院内专家和救护车内医护人员进行实时高清视频沟通, 实现患者状态的实时追踪, 有助于急救医生第一时间做好急诊抢救及手术准备, 将固定场所才能进行的远程会诊、远程 B 超、监护指标等业务前置到救护车, 实现上车即入院, 大幅提高了院前急救能力。

图 3-35　5G 标准急救车改造

● **应用效果与推广前景**

该案例的 5G 应用主要取得了两大成效: **一是**改善了急救的条件, 扩大急救中心医疗服务的范围; **二是**增强院前与院内信息的双向追踪溯源功能, 提高急危重症患者救治效率, 院前急救平均反应时间缩短至 15 分钟左右, 心肺复苏成功率由不足 1% 提高至 2.2%。该模式涉及医疗 (含器械设备)、医药、医疗信息化等多个领域, 未来有望纳入医保服务体系, 从而为患者提供更优质的医疗服务。

（四）5G+文化旅游

深圳华侨城：
消息体升级推动文旅企业创新发展

所在地市：广东省深圳市

参与单位：深圳华侨城花橙科技有限公司、中国联合网络通信有限公司深圳市分公司、联通在线信息科技有限公司、深圳微品致远信息科技有限公司

技术特点：使用5G边缘云+5G消息的技术组合，构建了元宇宙的用户体验入口，打造了智慧文旅的全域生态

应用成效：本地分流将时延降到15ms；通过内容上云将效率提升120%；设备成本降低45%；XR内容曝光量达到每月4000万次，增长75.8%；用户平均驻留时长增长了141%；XR的推广运营成本下降了55.6%；线上营收增加近8亿元，游客数量月均提升150万人次

获奖等级：全国赛二等奖

● 案例背景

华侨城集团是国务院国有资产监督管理委员会直接管理的中央企业，是国家首批文化产业示范基地，全球主题公园集团排名第三、亚洲第一，曾荣获"改革开放四十周年四十品牌""中国特色小镇投资运营商年度品牌影响力TOP50第一名"等荣誉。

现阶段，华侨城集团在数字化转型中存在两大痛点：**一是**触达客户难，线下流量难以激活；**二是**游客的虚拟空间（混合现实）沉浸式体验实现难，游玩体验不佳。为解决上述痛点，华侨城集团联合中国联合网络通信有限公司深圳市分公司、深圳微品致远信息科技有限公司等单位将5G消息和5G边缘云相结合，通过沉浸式的用户体验及主动触达，成功激活了庞大的线下流量，线上留存也大幅提升，助力信息消费升级。

● 解决方案

该案例基于5G+云XR为游客提供沉浸式体验，XR需要上云部署，凭借基站分流、边缘算力等特性，5G边缘云成为XR部署的有效途径。XR内容则以手机号为标识，以5G消息为渠道触达用户侧。华侨城集团利用5G边缘云+5G消息的技术组合，构建了元宇宙的用户体验入口，打造了智慧文旅的全域生态，如图3-36所示。

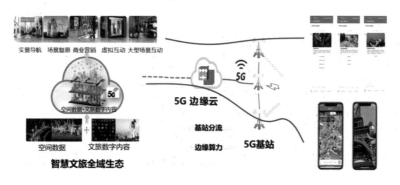

图3-36　5G消息+5G边缘云架构

● 应用场景

该案例在深圳欢乐谷、襄阳华侨城等地陆续开设了多个 XR 体验场景，覆盖了游玩、互动、体验等多个环节，为游客带来全新的旅游体验。

● 5G 消息+5G 云 XR：沉浸式触达的景区新体验

该场景利用 5G 消息为景区游客提供 XR 体验入口，打破传统旅游观感体验，用科技让游客感受景区别样魅力，用沉浸式观感提升游客景区游玩体验。该场景基于 5G 消息"强触达、易交互"的优势，可有效解决景区难以触达用户的问题，同时依托 5G 大带宽、低时延的特点，可解决 XR 使用卡顿、体验不佳等问题。该场景目前已在深圳欢乐谷、襄阳华侨城、深圳欢乐港湾等 10 多个旅游小镇完成复制，受到了游客的广泛好评，如图 3-37 所示。

图3-37　5G 云 XR：沉浸式触达的景区新体验

● 5G 消息+NFT：园区游玩赋能，互动更有趣

该场景将 5G 消息和园区活动相结合，通过参与活动下发 5G 消息，与华侨城 NFT（非同质化通证）一起，让游客每一次的游玩变得更有价值，更值得纪念。目前，华侨城集团旗下已有多个景区完成了 5G 消息+NFT 的部署，结合华侨城各个景区的特点，根据不同的 IP 设计了不同的数字藏品和多样的活动方式，为景区的活动增添了不少的趣味性。5G 消息与用户的便捷互动也让用户的体验感显著提升。

● 应用效果与推广前景

该案例的 5G 应用主要取得了两大成效：**一是**运维成本大幅降低，通过内容上云和渲染上云提升处理效率和降低设备成本。XR 内容的新颖性使曝光量显著提升，曝光量达到每月 4000 万次，增长 75.8%，用户平均驻留时长也增长了 141%，带动推广运营成本大幅下降；**二是**用户吸引力显著提升。该案例通过沉浸式的用户体验及主动触达，成功激活了庞大的线下流量，线上留存率提升了 31.5%，线上营收增加近 8 亿元，游客数量月均提升 150 万人次。该案例构建了文旅行业云，并将其作为标准能力进行输出，奠定了向整个文旅行业复制的坚实基础，推动 5G 赋能文旅新活力。该案例计划在 2023 年全面推广，2024 年年中完成在华侨城集团旗下的 100 多个旅游小镇、文化小镇和美丽乡村小镇的全面推广。

2

浙江大学艺术与考古学院：
5G 云 XR 助力名画新活力

所在地市： 浙江省杭州市

参与单位： 浙江大学艺术与考古学院、浙江大学城乡创意发展研究中心、杭州求
索文化科技有限公司、中国移动通信集团浙江有限公司杭州分公司、
华为技术有限公司

技术特点： 基于虚拟现实技术、5G-A X-Layer 跨层感知协同技术、室内高精准
定位技术等提升互动性，实现沉浸式体验

应用成效： 终端并发稳定性提升了5倍；减少40%的服务器部署成本；提升
60%的运营效率；累计接待体验人数超过万人

获奖等级： 全国赛二等奖

● 案例背景

中国历代绘画大系（以下简称"大系"）是一项起于浙江、成于浙江的
国家级重大文化工程，是具有战略高度、文化 IP 集群的国家级重大文化项
目，受到了国家领导人的高度关注和亲自批示。大系团队历时16年共收录海
内外260余家文博机构的中国绘画藏品12 250余件（套），并在此基础上建立
详细、准确的数字档案。

现阶段，以大系为代表的数字文物保护和开发面临两大痛点：**一是**大量的
精品藏品仍与社会大众相距遥远，多种优秀文化内容无法成功出圈；**二是**传统
体验方式维度单一、互动性差，难以满足受众群体越来越高的要求。为解决上

述痛点，中国移动通信集团浙江有限公司杭州分公司联合浙江大学艺术与考古学院、华为技术有限公司等单位，从云渲染、云算力、5G-A、协同装备等方面入手，打造多个5G应用场景，打破时空壁垒，助力文化传承，创新突破。

● 解决方案

该案例依托5G+边缘云策略，打造了"内容－云－管－端"四维一体协同方案。通过部署一个XR云平台进行流化渲染、内容编辑、终端适配，提供统一运营调度功能；通过多功能装备组件化集成系统（包括语音交互、体感交互、触控交互、多显示设备拼接、虚实融合、可视化导览等）提供交互功能；通过5G网络动态弹性切片部署，满足短时间内高发、并发XR应用带来的超高带宽和稳定低时延需求，将零维声音、一维图文、二维影像、三维装置，深入人体五维感官感知，实现跨媒体、跨空间的文化迭代与创新，重塑文化感知，如图3-38所示。未来将聚焦巡展、文博、文旅、教育等产业合作相关需求，形成产业合作生态。

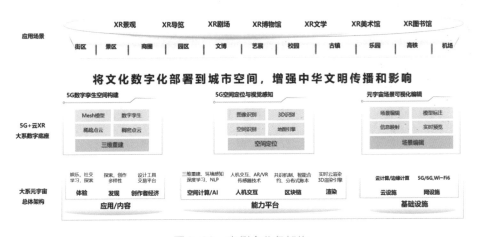

图3-38　案例全业务架构

● 应用场景

该案例以数字化场景构建为技术基础，结合元宇宙的信息区块化特性和

UGC（用户生成内容）创作特点，在绘画作品原型基础上进行了文物数字化体验再创作，并将5G应用于"游历、探索、观赏"等多个环节。

● 5G VR：虚拟世界沉浸式体验

该场景中的体验区采用5G+VR多人大空间技术，参观者戴上VR头显设备后，即可和同伴一起沉浸在虚拟世界中。该场景创新性地融入5G-A X-Layer跨层感知协同、室内高精准定位等技术，确保多人体验的实时观感和场景动态的拟真感。利用5G大容量、低时延等特性，单场馆可满足32台VR同时使用，真正让参观者"身临其境"，全沉浸式地在虚拟世界中探索，图3-39所示为VR《九龙图》场景及体验场景。

图3-39　VR《九龙图》场景及体验场景

● 5G+AR 听琴图：虚实融合感受古人文化

该场景是以互动和观赏为主的AR体验项目。在交互设计上，应用了手部运动控制器与眼部跟踪模块的相关技术，实时采集手部的精确交互位置与动作，经由5G网络实时上传至边缘云。云端对多用户行为进行合并处理，将结果反馈至边缘端口，确保为用户提供准确而简单的本能交互体验。大量的交互反馈让体验者充分感受到 AR 技术虚实结合的特性，看到虚拟的人物、树木、花蝶与真实的座椅、古琴、桌几融合在一起，在虚实相生中看到古代帝王与臣子弹琴赏乐的画面，如图3-40所示。得益于5G-A X-Layer 跨层感知协同技术的使用，单场馆即可满足40个 AR 用户同时体验。

图3-40　体验者操作空间的虚拟元素

应用效果与推广前景

该案例的5G 应用主要取得了两大应用成效：**一是**场景部署方式简化，满足规模应用需求。通过5G-A 替代 Wi-Fi，解决终端概率性掉线问题，保障用户长时间在线，单场馆即可满足40台 AR 或者32台 VR 同时使用；**二是**创新文化宣传形式，增加市场吸引力，如杭州展（浙江美术馆）数字化展览相关AR、VR 项目单天接待人次提升至2000人次。基于该案例可向全国30个城市进行特展，并开放文化商业数字运营活动，为中国传统书画等艺术元素向虚拟数字化形态的转化提供更为广阔的发展空间。

浙江旅游投资集团：畅享"在线红色资源"

所在地市： 浙江省杭州市

参与单位： 浙江省旅游投资集团、中共浙江省委宣传部、浙江浙旅投数字科技有限公司、中国电信股份有限公司浙江分公司、浙江省公众信息产业有限公司

技术特点： 利用5G+视频+IoT技术对红色资源进行保护；利用5G构建首个红色基因库，实现多形态红色资源采集、存储、处理、展示和传播；利用5G+元宇宙+云边协同，实现线上线下联动场景

应用成效： 红色资源预测准确率提升30%；识别保护率提升15%；预警和治理成本降低40%；实现红色资源100%入库；16万人次参加红游线路，青少年参观访问占比提升到30%

获奖等级： 全国赛二等奖

● 案例背景

浙江省旅游投资集团（以下简称"浙江旅投集团"）是在原浙江省旅游集团、浙江浙勤集团合并的基础上，划转省属国有企业、省级机关事业单位所属旅游酒店及相关旅游产业资产组建而成的，旗下参控股企业有140多家，2017—2022年连续6年入选中国旅游集团20强。

作为"红色根脉"的坐标省份，浙江红色资源点多面广，当前转型发展中面临三大痛点：**一是**红色资源保护难，1万多个红色资源分散在全省90个区县，难以统一管理、统一保护；**二是**红色基因传承难，亟须通过数字化能

力提供多维度展示；三是红色文化弘扬难，教育形式单一，难以吸引青少年人群。为解决上述痛点，中共浙江省委宣传部联合浙江旅投集团、中国电信股份有限公司浙江分公司、浙江省公众信息产业有限公司发挥5G网络优势，打造5G+在线红色资源，创新红色旅游模式，助力红色资源传承。

● 解决方案

该案例构建了"1网1库1云3端+N应用"体系架构，包括1张5G网络，1个红色基因库，1个元宇宙云平台和面向宣传部、红色基地和公众服务3端的N个场景应用，如图3-41所示。5G网络部分通过公网专用，并结合MEC等技术构建了红色旅游应用的基础底座；红色基因库基于5G网络传输特性将红色资源虚拟化，并创造红色人物、红色基地等多类素材；元宇宙平台部分汇聚了多款5G应用，满足红色旅游资源协同互联、智能升级的需求。此外，该案例基于5G中心云和边缘云协同网络技术方案，实现部署方式与业务场景特点的完美适配，如保护红色资源、传承红色资源基因库、弘扬线上线下红色文化等，培育文化和旅游融合发展新业态。

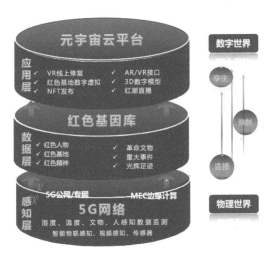
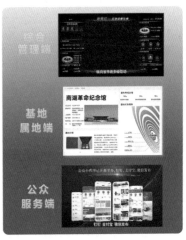

图3-41 解决方案架构

● 应用场景

该案例是集红色资源保护、传承和弘扬于一体的全域项目，受到浙江省政府的高度重视，并由浙江省政府投入专项资金建设省域5G+元宇宙红色资源平台，已在3个试点验证，覆盖文化宣传、文化保护、文化推广等多个环节。

● 5G+文物保护：预警保护率大幅提升

该场景利用5G低时延和广连接的特性，对文物进行实时监控和自动保护；利用5G大带宽和低时延的特性，让文物专家远程指导修复文物，提高文物修复效率，同时利用数字孪生技术建立的模型为远程修复提供协助，与红色管家事件督办形成闭环管理。物联感知设备以海量数据为基础，利用5G技术，通过AI学习算法不断提升预警精准率和保护科学性，目前预测准确率提升30%，识别保护率提升15%，预警和治理成本降低40%，如图3-42所示。

图3-42　基于5G+视频+IoT的文物保护预警场景

● **5G+红色传承：红色资源数字化**

该场景系统地梳理了光辉足迹、红色精神、红色基地、红色人物、红色实物等红色资源，通过5G+元宇宙平台，构建红色基因的数据底座，对红色资源进行数字化采集、建库，将红色资源从物理世界转换到数字世界。5G+数字孪生技术不仅让红色资源得到预防性保护，还让其从展陈中"走"出来，"活"起来，得到传承与创新。同时5G+数字藏品能够标识每件红色文物，实现红色文物永久保存，如图3-43所示。

图3-43　红色资源展示多维传承场景

● **5G+红色精神宣传:大幅提升访客数量**

传统游览内容单薄、缺乏创新,民众出行意愿大幅下降。该场景构建5G+元宇宙平台提供沉浸式红色记忆还原体验,打造线上线下一体空间,扩大浏览人群,同时结合5G、边缘计算、定位、视频技术等,用"超媒体"形式,为用户提供在线云游、导览、讲解、文创等创新应用,让历史重新"鲜活"起来,如图3-44所示。目前已经有16万人次参加红游线路,青少年参观访问占比提升到30%。

图3-44 在5G+元宇宙+云边协同下的各种场景

应用效果与推广前景

该案例的5G应用主要取得了两大成效:**一是**实现全省主要红色地标数据的集中管理,通过搭建红色资源总平台,完成浙江省1万多个红色地标数据集中管理,游学线路覆盖率提升至90%;**二是**促进红色文化宣传推广,现已服务浙江省400多万名党员,吸引2800万人次观看"浙里红潮"直播。目前,浙江省2000多个红色基地对于红色资源创新试点报名非常踊跃，且各试点产生了非常好的社会效益，后期新型红色文旅将带动酒店、旅行社、景区、乡村民宿、省域美食等产业协同发展，从而实现红色推广与社会经济的完美融合。

第四章

新型信息
消费领域

（一）5G+信息消费

① 山东顺和直播：5G 打造创新直播新模式

所在地市：山东省临沂市

参与单位：中国电信股份有限公司山东分公司、中国电信股份有限公司临沂分公司、中兴通讯股份有限公司

技术特点：利用5G 泛在网实现随时随地超高清直播；通过5G+AR/VR 打造多维直播场景；基于5G+ 云仓实现智慧物流

应用成效：直播卡顿率降低46%，服务2万多主播，为粉丝提供流畅清晰的直播服务；订单发货时间从2小时缩短到30分钟，退货率从36% 降低到26%

获奖等级：全国赛优秀奖

🔵 案例背景

顺和直播电商科技产业园（以下简称"顺和直播"）成立于2018年6月，总占地面积约9.7公顷，总投资近9亿元，是山东省临沂市兰山区首个实现完整服务闭环的直播电商科技产业园。作为最早转型为直播电商基地的企业，顺和直播以"顺直播"赋能品牌服务，突出大物业服务、运营培训、供应链经营、社区共享平台、智慧云仓、金融支持六大平台优势，持续助力直播电商产业。

受新商业、新消费影响，临沂市传统商贸物流市场在发展过程中面临两方面痛点：**一是**实体商户销售额下降；**二是**传统仓储管理方式订单选择和出库衔接不通畅，人工管理效率低、极易出错。为解决上述痛点，中国电信股份有限公司临沂分公司联合中兴通讯股份有限公司利用5G定制网超大带宽、超低时延的优势，实现园区5G信号无缝覆盖，满足了园区300家直播商户大带宽、高并发等网络需求，并且为园区提供了优质的5G移动办公、智慧运营、直播环境，保障了商户订单峰值成交、物流智能分发派送，助力商户实现销售额的稳步提升。

🔵 解决方案

该案例采用5G SA组网架构，通过下沉UPF到直播基地，保障云仓数据传输时延和安全性。此外，该案例通过配置5G切片，并结合切片级的RB（资源块）资源预留功能提升空口拥塞时的业务可靠性；通过开启5QI（5G服务质量标识）级别的上行预调度功能，分配独立的5QI，节省空口调度时间，保障业务调度优先级。该案例提出室内室外网络部署方案：在室内环境下，采用5G新型室分覆盖，针对直播基地高密度终端视频上传需求，采用新型室分的高密部署，保障小区内用户平均上行带宽需求；在室外环境下，部署两个AAU，5G上行带宽峰值达到200Mbit/s，可支持大约800名网红主播进行移动场景、户外场景的直播业务，如图4-1所示。

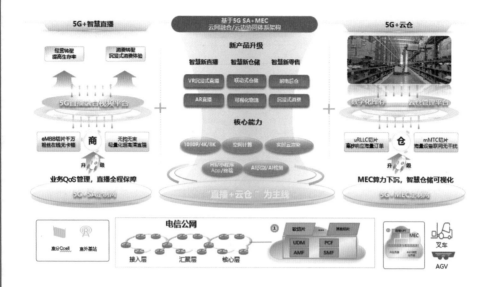

图4-1　基于5G定制网"前店后仓"直播基地模式

● 应用场景

该案例发挥5G+MEC的定制网能力，利用网络切片和MEC的算力下沉等技术，实现融合定位、云化视觉、智能拣选等功能，可以在20ms内响应海量订单，确保直播基地的正常运转，实现前电后仓、可视化的仓储物流等应用场景。

● 5G+XR直播：打造创新直播场景

该场景利用5G-XR技术，打造虚实融合的直播场景和虚拟人主播，改善消费体验。5G融合XR空间计算技术和实时云渲染技术，为商户和MCN（多频道网络）打造了多样性的直播场景，如AR虚拟现实融合直播、专业XR虚拟拍摄直播等，增强消费者的互动性和沉浸感，为专业市场线上转型提供了更多的指导方案。

● 5G无人云仓：仓储发货更高效、柔性

该场景基于5G的大带宽和低时延特性，将订单直接传递到MEC边缘

侧，经计算处理后向下发出系统指令和作业指令，推动物流仓储环节货物入库、拣选、盘点、分拣和发货等操作，实现物流仓储环境全面数据化、可视化和智慧化，如图4-2所示。在5G无人仓的工作环境下，仓配作业所产生的网络信息接收时延可控制在10毫秒以内，信息传输丢包率更可降至0，消费者下单到商品出库最快在20分钟内即可完成，整体拣选效率超人工10倍，拣选准确率高达99.99%以上。

图4-2　基于5G云仓的柔性拣选发货模式

🔘 应用效果与推广前景

　　该案例充分发挥本地产业资源优势、物流优势与商户优势，实现了政府、平台、基地、主播四方的有效联动，为当地经济注入了新的活力，服务带货主播2万名，直播带货交易额突破300亿元。目前，该案例在山东省临沂市38个直播基地和123个专业市场进行复制、推广。未来，该案例将持续助力实体商业，加速数字商业改造升级，优化虚实共生消费体验，提振商业活力，推动数字经济发展和5G智慧商业建设。

② 北京联通在线：5G 结合 AI 实现智能通话

所在地市： 北京市

参与单位： 联通在线信息科技有限公司、中国联合网络通信有限公司江苏省分公司、中国联合网络通信有限公司新疆维吾尔自治区分公司、中国联合网络通信集团有限公司、科大讯飞股份有限公司

技术特点： 5G 视频通话中融入云端数字人，能够进行实时驱动、智能语音交互、字幕同屏同显、号码识别提示等

应用成效： 用户数、产品收入月增长率均超 30%；累计服务用户几十万人，实现收入数百万元

获奖等级： 全国赛优秀奖

案例背景

联通在线信息科技有限公司（以下简称"联通在线"）集互联网产品创新、能力建设、内容聚合和生态链接于一体，聚焦互联网数字内容应用创新。联通在线坚持市场驱动和创新驱动，打造"专精特新"能力，加大转型改革，聚焦数字生活，2020年4月入选国务院国有资产监督管理委员会首批"科改示范企业"名单。

用户在使用通话服务时，会面临陌生来电不敢接、会议进行中不便接或未接电话重要性无法确定等问题，影响用户通信体验。为解决上述痛点，联通在线联合科大讯飞股份有限公司及集团内其他单位，将5G VoNR与人工智能、数字人、XR 技术相结合，面向用户来电场景以及沟通障碍人群的通话交

流需求，实践了以视频方式提供智能服务的一体化5G通信解决方案，有效改善了用户通信体验。

● 解决方案

该案例基于公众用户的来电场景需求，联通在线以联通在线智能音视频通信创新平台为基础，如图4-3所示，提供基于5G网络的覆盖通话前、中、后的智能来电通话服务。该案例所用平台总体架构分为通信网络、5G新通信业务能力接入平台和业务应用系统集群三层，其中通信网络层负责定义用户视频通话路由；5G新通信业务能力接入平台负责提供视频渲染、智能语音交互、数字人驱动、内容智能创作等核心能力；业务应用系统集群负责为用户提供功能、内容、订购等管理能力。

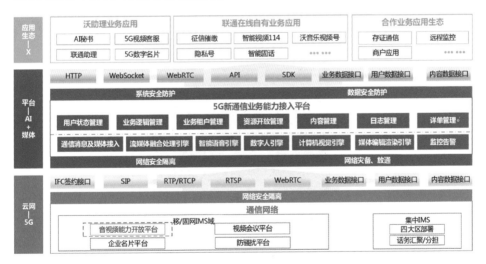

图4-3 联通在线智能音视频通信创新平台架构

此外，该案例中，智能语音交互模块对话务流进行实时监测、识别和翻译，通过媒体混流技术将文字、图片等融合到视频通话媒体流中，实现通信过程中的多语种实时字幕翻译。全流程接续时长小于200ms，可支持1080P的高清视频通话效果。平台提供音视频通信、话务路由、网络签约、音视频媒体流锚定、音视频内容投放、多方音视频通话接入等通信网络核心能力。

🫧 应用场景

该案例提供面向被叫用户的一体化5G智能通信解决方案，应用场景覆盖通信前、中、后各环节。通话前验证主叫号码，弹显反诈名片；通话中提供语音转写、对话特效、文字通话等功能，未接通则由数字人代接电话；通话后提供挂机5G消息触达，为用户提供可深度交互的话后服务。

● 5G+反诈名片：提升预警防诈能力

该场景可以在用户接到诈骗骚扰、高频呼叫或境外等高风险号码来电时弹窗显示安全提醒信息，有效遏制了各种类型的电信诈骗，维护了人民群众财产安全和合法权益，如图4-4所示。目前，该场景已服务近30万用户，月均触发量达数千次。

图4-4　5G反诈名片

● 5G+文字通话和 AI 语音识别：提升通话便捷性

该场景针对用户不方便或无法正常进行语音沟通的情况，可选择视频电话转入文字通话的流程，并能够实时查看交互对话的内容。只要用户输入文字，对方就能听到该段文字对应的语音。同时，该场景支持在 5G 视频通话过程中依托 AI 语音识别技术、翻译技术实时显示双方对话，同时对外语、方言可显示其原文和转译后的字幕（如中文—英文），改善沟通效果，如图4-5所示。

图4-5　AI 语音识别

● 5G+智能代接：消除用户不方便接听、漏接听困扰

该场景针对用户未接到来电的情况，提供虚拟秘书"面对面"功能，可

通过虚拟秘书与来电者进行通话，通过多轮交互采集来电意图信息并将对话内容发送给用户。此外，该场景通话过程中可根据对话场景展示虚拟秘书不同的神情动作，增加通话乐趣改善通话体验，满足年轻群体对个性化、情感化、娱乐化的需求。目前，该场景已覆盖超过110个日常通话场景，并在持续优化。

● 应用效果与推广前景

该案例的5G VoNR技术主要取得了三大成效：**一是**视频化的智能代接服务较语音服务用户体验大幅提升，主叫留言率提升20.8%，交互轮次提升37.5%，平均交互时长提升21.2%；**二是**防骚扰能力助力预防电信网络诈骗，解决电话接听者无法有效判定电话来源导致受骗的问题；**三是**多语种服务降低了跨语言沟通的门槛，实现了不同文化间的信息传递。目前，该案例中相关服务已在全国范围落地，月服务10亿多人次，智能交互时长近百万小时，累计使用用户几十万人。

③

中国服装科创院：实现数字时尚产业创新

所在地市： 浙江省杭州市

参与单位： 中国服装科创研究院、中国移动通信集团浙江有限公司、中兴通讯股份有限公司、东华大学、浙江理工大学、李宁（中国）体育用品有限公司

技术特点： 5G 与云化技术融合实现智慧消费、智慧生产；5G 云化 AGV 实现智慧仓储物流

应用成效： 不良率预期至少可以降低20%；生产效率提高30%；能源成本可降低 15%

获奖等级： 全国赛优秀奖

● 案例背景

中国服装科创研究院（以下简称"服装科创院"）隶属中国服装协会，由工业和信息化部消费品工业司作为指导单位，由中国服装协会和杭州市临平区人民政府共同创建，是中国服装行业唯一的国家级科技创新服务平台和创新研发机构。服装科创院与国内外20所高校、121名专家、200多家科技企业、数千家服装企业达成生态合作，形成产、学、研、用的完整闭环创新生态体系。

服装产业在数字化转型中主要面临五大痛点：一是设计能力较弱，时尚设计专业人才缺乏；二是"低小散差"问题突出，"三合一""四无"服装企业及家庭作坊大量存在；三是生产模式落后，信息化水平不足，目前以人工

劳作为主，导致生产效率低，质量参差不齐；**四是品牌建设滞后**，与国际时尚名品相比，本土品牌知名度和规模仍存在较大差距；**五是公共服务资源分散**，地区检验检测、成果推广、创业孵化、教育培训等中介服务机构较为缺乏，各类公共服务资源协同不足。为解决上述痛点，服装科创院联合中国移动通信集团浙江有限公司、中兴通讯股份有限公司、东华大学、浙江理工大学、李宁（中国）体育用品有限公司等单位将5G赋能服装行业，有效整合分散的行业资源、推动生产方式变革、经营模式创新、供给方式革新、品牌能级提升，为全省及全国服装行业数字化转型提供样板和经验。

● 解决方案

该案例基于5G"云网中国"数字时尚公共服务平台，以5G网络为支撑，结合大数据、XR等技术，构建"云－网－边－端"一体化的"一脑、二平台、三中心"体系，如图4-6所示，实现多项5G创新应用，从智慧营销、3D研发设计、智能制造、智能仓储物流的角度整合优质资源，服务政府侧和企业侧，探索数字经济服务新模式，打造可复制、可推广、可运营的数字化改革案例，促进中国服装业健康发展，使得更多中小企业低成本进行数字化转型升级。

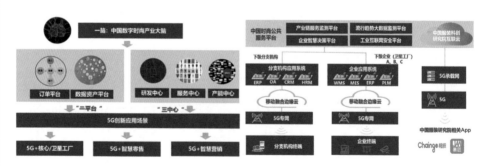

（a）解决方案架构　　　　　　　（b）应用场景分布

图4-6　基于5G网络的"云－网－边－端"一体化部署体系

● 应用场景

该案例依托5G+云网技术打通面辅料仓储、验布、裁剪、物流、吊挂、缝制、数码印花等数据流通通道，实现核心工厂及卫星工厂的数据集成，结合数据资产平台构建了良性的市场信用体系，促进服装供应链条上下游企业协同。

● 5G智慧零售：拓展未来购物场景

该场景中消费者可通过试衣魔镜体验服饰的实际穿着效果，显示屏可实现商品虚拟展示、导购、在线订购等功能，如图4-7所示。该场景通过5G网络将实体和虚拟双向实时映射，提升了消费者的购物体验，激发了消费者的购物新鲜感，丰富了消费者的购买选择和购物方式。

图4-7　基于5G的智慧零售场景

● 5G高清直播：探索"前店后厂"模式

为解决传统服装行业从产业端到消费环节冗长的问题，该场景在服装加工厂的厂房内打造5G高清直播间，定期对当季主打服饰开展网上直播带货，直接将全景呈现到网络上，如图4-8所示。该场景大幅提升了订单流转速度，订单处理速度提高50%，工厂制造效率提升28%。

图4-8　户外5G高清直播间

● 5G智能可穿戴：服装助力科学健康生活

该场景将新型的柔性导电智能化材料应用到可穿戴智能化纺织品中，并通过5G网络将智能服装采集的人体数据传输到后台，经人工智能算法进行精准分析后，为用户推送科学、高效的健康管理方案，如图4-9所示。目前，该场景可采集形体尺寸、健康信息、姿态行为、情绪压力等信息，并支持与人体外部的数据如气候环境、生活轨迹、社会信息进行多方位交互。

图4-9　5G智能可穿戴研发中心

● 5G 可视化服装裁剪：加强远程协助能力

该场景通过 5G CPE 连接 5G 无线高清摄像头，结合 AR 技术提供实时、流畅、高清的视频画面，实现远程操作机器、服装的远程裁剪，该场景利用 5G 网络提升指令接收效率，促使产线协同效率提高 2 倍，可以实现柔性化、高效能生产，如图 4-10 所示。

图 4-10　5G 可视化远程生产线

● 5G 原辅材料仓储：实现货物精细管控

　　该场景利用内嵌5G 模组的 AGV 与5G 行业虚拟专网融合，实现全自动立体仓库，如图4-11所示。全自动立体仓库可以将光、机、电、信息等融为一体进行管控，对物料传输、识别、分拣、堆码、仓储、检索和发售进行一体化管理。此外，该场景可以通过数据分析推断各地区的货物需求情况，实现货物有目的性的流动。该场景可以有效降低人工成本，使企业的仓储运维效率大幅提高。

图4-11　5G 全自动立体仓库

● 5G 缝制吊挂生产：提升产线柔性水平

　　该场景融合5G 和边缘计算技术，实现人、机器设备、物料、环境、质量检测等信息的全要素采集，为制造执行系统提供全面的数据支撑。该场景通过数据模型算法，实现生产多维度统计和历史数据分析，为工厂决策者提供强力有效的数据支撑。此外，该场景实现多地生产数据的协同联动，可使柔性产线调整周期缩短20%以上。5G柔性生产车间如图4-12所示。

图4-12　5G柔性生产车间

● 5G成品质检：提高产品检测效率

该场景采用5G+AI机器视觉技术实现成品的质量检测，通过视频摄像头采集衣服成品图像，利用5G网络回传至平台并通过AI算法自动识别，对生产过程中的布匹裁剪、成衣加工进行质量瑕疵检测，如图4-13所示。该场景相比传统人工验布模式，产品漏检率降低25%，质检合格率由95%提升至97%，有效提升了成品市场满意度。

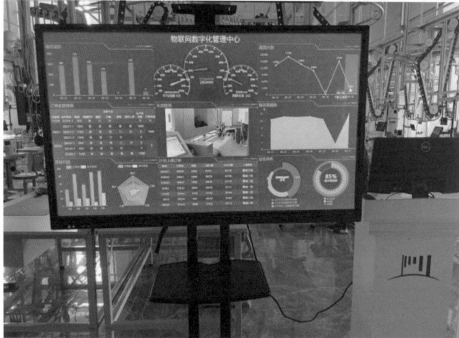

图4-13　5G+AI 机器视觉检测

● 应用效果与推广前景

该案例的5G应用主要取得了两大成效：**一是**赋能企业的数字化转型升级，建立柔性快速反应生产线，提升工厂生产效率；**二是**实现供应链数字化协同作业，缩短生产交货期（快至7天交付），加速服装行业转型升级并沉淀服装行业相关数字化资产。目前，基于该案例成果，服装科创院已经与李宁集团、特步、乔丹等12家企业签订相关合同，未来将通过召开时尚产业数智平台发布会、伙伴招募等方式，推动时尚服装行业向5G＋工业互联新形态演进，构建5G互联网生态圈，打造5G时尚服装互联网战略落地的新标杆。

（二）5G+融合媒体

①

四川自贡灯会："云观灯"重塑传统文化

所在地市：四川省自贡市

参与单位：中国电信股份有限公司自贡分公司、中兴通讯股份有限公司四川分公司、天翼视讯传媒有限公司

技术特点：利用5G+4K+CDN 实现沉浸式线上云观灯；利用5G+4K+IPTV 实现自贡彩灯线上直播；利用5G+ 云 +AR/VR 技术，结合数字孪生平台实现现场 AR 体验场景

应用成效：互联网累计曝光量超过6亿次；吸引超过20家媒体直播灯会

获奖等级：全国赛优秀奖

● 案例背景

自贡素有"中国灯城"之美誉，自贡彩灯已成为城市文化名片。作为国家级节庆品牌，在春节期间欣赏自贡彩灯，已成为当地及川渝地区民众过年的必备仪式，欣赏自贡彩灯也是春节期间具有地方特色的节庆项目。

新冠肺炎疫情期间，自贡灯会难以在线下大规模举办，如何创新观灯方式并进一步扩大灯会规模，吸引更多游客观赏自贡灯会，成为其发展面临的痛点。为解决上述痛点，中国电信股份有限公司自贡分公司联合中兴通讯股份有限公司四川分公司、天翼视讯传媒有限公司等单位面向第28届自贡恐龙灯会，利用5G技术赋能新媒体，实现了"云灯会"。该案例使自贡灯会进一步推广，助力讲好中国故事、传播好中国声音，对于传统文化传播和旅游模式变革具有借鉴意义。

● 解决方案

该案例充分运用5G的网络优势，结合云计算、4K、VR、AR、CDN加速、超高清直播、慢直播等技术，实现了云、网、端融合的解决方案。在云端，通过部署"5G+XR平台"数字化底座，打造了全景慢直播、全景VR和AR虚实融合等场景方式，对中华彩灯大世界进行了全方位立体式的展览。在网络侧，基于5G公网专用，通过VPDN（虚拟专有拨号网络）、QoS、灵活资源调度、DNN和切片等技术，为灯会提供端到端差异化保障的网络连接，并可直通天翼云为灯会部署丰富的行业应用与服务。在终端侧，手机、AR眼镜等智能设备通过5G网络连接，使用空间计算、实时云渲染、实时云转播等技术，实现灯会4K全景直播、灯会全景VR直播，AR灯会合影打卡等功能。5G+云观灯应用架构如图4-14所示。

图4-14 5G+ 云观灯应用架构

🌀 应用场景

该案例依托5G行业虚拟专网、天翼云、物联网等设计了云网一体的数字底座，全力支撑全国直播及慢直播活动，实现了5G+云观灯线上直播、5G+VR慢直播及5G+AR元宇宙体验等应用场景，为云观灯商业模式创新与落地提供了保障。

● 5G+ 云观灯线上直播：打造视觉盛宴

该场景采用5G+4K+IPTV的直播技术，现场采用主备编码器，通过专线与互联网宽带，将直播流推送到四川IPTV与天翼视讯收流节点，电视台从天翼视讯收流节点拉流做直播，从而将灯会现场生动地呈现给电视机或互联网平台的观众，为远在千里的彩灯爱好者提供"云游盐都城、坐观天下灯"的视觉盛宴，如图4-15所示。该场景在两个多小时的直播时间内，实现全网单平台39万浏览量，62.89万总观看量。

图4-15　5G+云观灯线上直播画面

● 5G+VR 慢直播：沉浸式线上云观灯

　　该场景通过在灯会园区部署的7个超高清360°全景摄像机及6个高清摄像头采集灯会现场图像信息，并通过5G大带宽网络将现场画面实时传输至监控平台及流媒体平台，画面经CDN分发至全国各个站点，如图4-16所示。该场景打造沉浸式线上云观灯，使线上观众可以身临其境地感受灯会现场的热闹氛围。

图4-16　5G+VR 慢直播应用场景画面

● **5G+AR 元宇宙体验：新技术讲好中国故事**

该场景通过5G+AR/VR技术与灯会传统文化结合，线下游客可以在现场感受与凤凰一起共舞、与不倒翁在平安树下祈福、与宇航员在一起遨游太空等。同时，该场景还支持线下游客与元宇宙景观合影拍照留念，给游客带来更加真实的游览体验，使游客感受科技赋能带来的诸多新体验，如图4-17所示。

图4-17　5G+AR 元宇宙体验

应用效果与推广前景

该案例的5G应用实现了"中国自贡中华彩灯大世界云观灯"全网直播，覆盖了四川省近1600万电视用户，并在互联网各大平台累计曝光量超6亿次，吸引了超过20家媒体对本次"云观灯"进行直播、慢直播。线下游客数相比往年提升超38%，直接带动周边消费35亿元。该案例发挥5G网络优势，综合应用直播、互动、分享等传播方式，构建合作共赢的新型生态，为全国文旅行业转型升级提供了实践指南。

② 北京云转播科技：5G 打造冬奥场馆元宇宙

所在地市： 北京市

参与单位： 中国联合网络通信有限公司、北京国际云转播科技有限公司、视伴科技（北京）有限公司

技术特点： 利用5G+3D 实时仿真技术实现场馆虚拟三维场景实时渲染和呈现；
利用5G 云化音视频技术实现无纸化、协同办公的"场馆元宇宙"；
利用5G 云转播技术实现移动性、定制化观赛服务

应用成效： 设计人员协作效率提升35%；任务延期风险降低50%；工作人员差旅费用减少70%；重复建设预算减少50%；图纸打印实现电子化、零成本

获奖等级： 全国赛优秀奖

● 案例背景

北京国际云转播科技有限公司（以下简称"云转播科技"）是在北京冬奥组委指导下，由中国联合网络通信有限公司、北京新奥特集团有限公司、国家广播电视总局广播电视科学研究院、北京歌华有线电视网络股份有限公司等共同筹建的提供云转播相关服务和产品的互联网科技运营公司。

随着体育事业的发展，场馆运营及赛事运行规模不断扩大且设计流程越来越复杂，演练成本逐年提升，给项目按时交付带来较大挑战。媒体转播主要面临三大痛点：**一是**参与场馆运行设计的机构复杂，沟通、协调与管理工作繁杂，导致时间和预算成本增加；**二是**参与机构资源分散，集中协作效率

较低，亟须高效率的远程协作模式；**三是**传统场馆运营与运行设计工具效率低，难以快速迭代，导致成本增加。为解决上述痛点，云转播科技联合中国联合网络通信有限公司，形成应用数字化、智能化、移动化的5G云转播解决方案，为场馆和赛事组委会提供可实时协同的工作平台，并配以专业的辅助设计工具，既提升了场馆规划与运行设计质量，又有效降低了运维成本。

● 解决方案

该案例充分利用5G网络的低时延、大带宽优势，并结合切片、MEC等技术，为高级别的视频实时渲染业务提供稳定、高效、可靠的接入和通信服务。该案例依托5G网络优势打造面向场馆运行、大型赛事活动规划与运行设计的仿真系统，提供场馆和赛事设施的视觉化展示、室内多功能空间的设计和展示、辅助运营设计、云转播方案设计与预演、室外场馆和地貌的仿真踏勘、形象景观设计、活动排演、赛事计划及资源管理等系统应用，如图4-18所示。

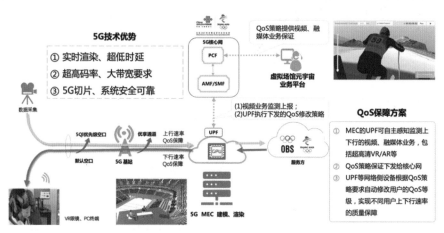

图4-18 场馆仿真系统整体业务逻辑框架

● 应用场景

该案例依托仿真系统和5G网络，实现上千台5G终端部署，实现了5G+3D场馆实时仿真、5G云转播、5G+VR虚拟现场踏勘、5G+云排演等10

余种5G应用场景，助力打造北京冬奥会"场馆元宇宙"。

● 5G+3D 场馆实时仿真：实现数字世界的"天涯若比邻"

该场景针对真实场馆实景空间进行三维建模，并提供室内多功能空间的设计与展示功能，可以从场馆各个角度进行切换查看，如图4-19所示。用户终端设备通过5G网络与MEC连接，能够实时获取仿真与渲染系统的结果，实时调整并获得最新的仿真视角。该场景实现场馆规划人员远程办公，协同效率提升35%，任务延期风险降低约50%，重复建设费用减少约50%，图纸打印完全电子化。

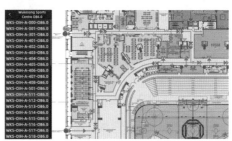

图4-19 场馆及赛事设施的视觉化展示

● 5G 云转播：实现"千人千面"和"随处可播"

该场景将视频制作与仿真系统部署在MEC平台，提供了多达200多种型号的摄像机和镜头，利用5G网络将仿真系统虚拟渲染＋云转播制作后的视频信号传输到导播终端。虚拟预演及虚拟导播台支持多机位预览、导播切换、模拟动画拍摄，支持视频的录制与回放，用户可以随时随地观看演练现场的直播场景，如图4-20所示。该场景通过云转播的方式，可以减少70%以上的国际差旅需求，大幅节省出差费用。

图4-20　转播方案设计与预演仿真

● **5G+VR 虚拟化现场踏勘：降低差旅成本**

　　5G+VR 实现远程虚拟化场馆踏勘，实景化沉浸式展示场馆全貌，工程师无须到现场即可在系统中实现现场踏勘的效果，如图4-21所示。该场景大幅改善工程师需要到现场踏勘的工作环境，减少70%以上的差旅时间和费用。

图4-21　室外场馆和地貌仿真踏勘

● **5G+云排演：实现任意次活动预演与彩排**

该场景终端和 MEC 上的应用有大量的低时延应用交互，在活动预演面板上，可查看当前活动的时间范围，并支持筛选想要预演的内容类型。在预演界面中，随着时间的推移进行赛事活动预演，并可控制播放进度，如图 4-22 所示。通过 5G 网络，用户可以无感知地在固网专线和 5G 信号之间进行切换，保证了业务使用的移动性。该场景大幅降低了赛事延期风险、减少了约 75% 的测试赛举办费用。

图 4-22　活动预演与彩排

● **应用效果与推广前景**

该案例的 5G 应用主要取得了三大成效：**一是**成功保障了 2022 年北京冬奥会的筹备工作顺利进行；**二是**转播协作效率提升 35%，并降低了约 50% 任务延期风险；**三是**大幅减少了转播工作成本，例如，减少约 50% 重复建设费用，减少约 70% 差旅费用，减少约 75% 测试赛举办费用，减少 100% 图纸打印费用，为北京 2022 年冬奥会和冬残奥会组织委员会节省人民币约 2800 万元。该案例在北京冬奥会中的成功实践，为未来体育赛事活动提供了运行设计工具，推动相关产业生态的革新和新业态的建立。

附录一 第五届"绽放杯"5G 应用征集大赛数据分析

项目数量成倍增长，各地应用"千帆竞航"

本届大赛共收到来自全国32个省、直辖市、自治区、特别行政区的项目28 560个，参赛项目数量较2021年增加一倍多，5G 应用深度、广度大幅提升。通过对本届绽放杯各赛道获得一、二、三等奖的1900余个项目进行分析发现，获奖项目来源集中在广东、北京、山东、浙江、河南、江苏和四川，7个省份的获奖项目数量约占全部获奖项目的60%，如图0-1所示。

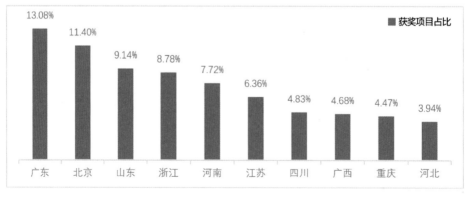

图0-1 第五届"绽放杯"大赛各赛道获奖项目来源分布（Top 10）

② 应用发展纵深推进，与民生领域结合更加紧密

在第五届"绽放杯"大赛所有参赛项目中，智慧城市、工业互联网、信息消费、公共安全、智慧园区、文化旅游领域的参赛项目数量位居前六位。随着经济社会的发展，人们对数字化民生服务产品、个性化数字服务提出了更高、更迫切的需求。如何用 5G 改善民生，提升人民的获得感、幸福感、安全感，成为 5G 发展中的一个重要命题。相比 2021 年，5G 技术与民生服务领域的结合愈发紧密。智慧城市、信息消费、公共安全、文化旅游领域应用数量大幅增加。智慧城市成为 2022 年的热点领域。

③ 成熟度进一步提升，近 4000 个项目进入可复制阶段

我国 5G 应用历经 4 年多的发展，在部分行业已经开始复制推广。通过对近 5 年所有参赛项目的横向分析来看，各领域 5G 应用落地成效较为明显，2022 年已实现"商业落地"和"解决方案可复制"的项目数量占比超过了 56%，比 2021 年提升了超 7 个百分点，如图 0-2 所示。同时，2022 年近 4000个项目实现了"解决方案可复制"，与 2021 年的 1874 个可复制项目相比增长了 113%，增长势头迅猛。目前我国 5G 应用规模化发展成效显著，5G 应用场

景和适配问题已得到有效解决，下一步需持续推动5G与行业系统融合、提升5G供给能力的同时控制成本、构建5G应用在大中小型企业的规模化扩散模式、构建5G应用规模化监管体系，促进5G应用向全面规模化发展阶段迈进。通过分析发现，信息消费、智慧城市、工业互联网3个领域解决方案可复制的参赛项目数量占所有已实现解决方案可复制项目的比例超过62%，是当前阶段可规模复制的先锋领域。

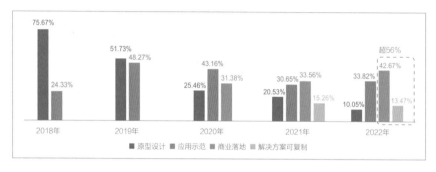

图0-2　2018—2022年"绽放杯"大赛项目成熟度对比

技术能力不断提升，
成为数字信息基础设施的创新引擎

5G商用3年多以来，技术能力显著提升。通过对大赛参赛项目所应用的技术进行统计发现，2022年的参赛项目中基于5G与虚拟专网、定位、授时和5G TSN、5G LAN等技术的参赛项目数量与往年相比有较大提升。值得注意的是，2022年大赛中有超过62%的参赛项目采用了5G行业虚拟专网。随着工业4.0时代的到来，工业自动化与智能化不断推进，行业对于低时延、高可靠通信技术的需求将不断增加，将孵化出更多基于 5G 虚拟专网技术的新应用，进而继续推动 5G 技术能力的提升。同时，5G 加速与人工智能、云计算、边缘计算、大数据等技术协同创新，加速与 IT、CT 的深度融合。第五届"绽放杯"大赛项目关键技术分析如图 0-3 所示。

5G 技术能力	使用率（2022 年）
5G 行业虚拟专网	62%
定位	50%
上行增强	13%
5G LAN	8%
授时	2%
毫米波	2%
5G TSN	1%

图 0-3　第五届"绽放杯"大赛项目关键技术分析

5

行业终端日益丰富，
与行业需求适配度大幅提升

2022 年，随着 5G 与行业融合发展的需求逐步明确，基于 5G 的行业特色终端创新继续加速，5G 行业终端类型更为丰富。按照功能可大致归类为采集传输类终端、控制执行类终端和视频类终端三大类。2022 年采用 5G CPE 接入 5G 网络的参赛项目占比为 41.83%，相比 2021 年下降了 8.48%。本届项目中出现了针对行业需求进行深度优化和剪裁的定制化模组，未来将有更多基于 R17 标准的针对低功耗、低成本、大连接和广覆盖应用场景进行适配的模

组面向市场。第五届"绽放杯"大赛参赛项目应用终端类型分析（采集传输
类）和第五届"绽放杯"大赛参赛项目应用终端类型分析（控制执行类）分
别如图0-4和图0-5所示。

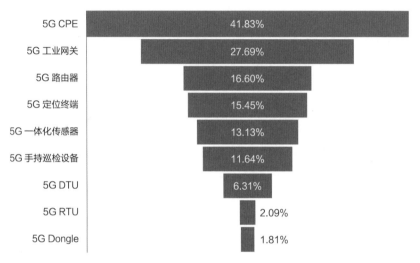

图0-4　第五届"绽放杯"大赛参赛项目应用终端类型分析（采集传输类）

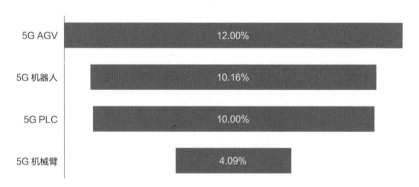

图0-5　第五届"绽放杯"大赛参赛项目应用终端类型分析（控制执行类）

　　此外，基于5G的新型视频类终端的应用也越来越广泛。超过87%的项
目使用了AR/VR/MR终端，应用领域集中在信息消费（包括商业、娱乐等）、
融合媒体和工业互联网。超过41%的项目使用了基于5G的摄像机/摄像头，
主要应用领域包括信息消费、融合媒体、农业和工业互联网，如图0-6所示。

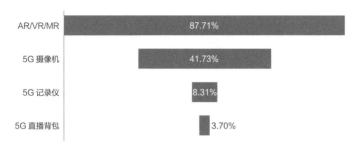

图0-6   第五届"绽放杯"大赛参赛项目应用终端类型分析（视频类）

6

产业生态逐渐繁荣，
解决方案提供商参与度持续提升

从2022年参赛项目的申报主体上看，运营企业仍然是推动5G 应用发展的主力军，参赛项目占比达到61.5%，相比2021年有所下降。扬帆行动计划发布后，各地加快5G 应用领域创新型企业培育工作，2022年解决方案提供商的参与度继续提升，参赛项目占比接近25%，再创新高，如图0-7所示。

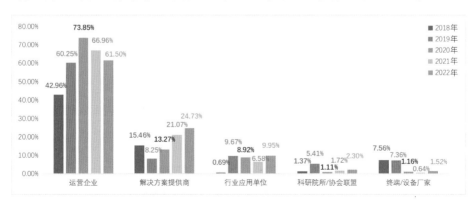

图0-7   第五届"绽放杯"大赛参赛项目主体类型分布

附录二　缩略语

缩略语	英文全称	中文
5G-A	5G-Advanced	5G 演进
5GC	5G Core Network	5G 核心网
5QI	5G QoS Identifier	5G 服务质量标识
AAU	Active Antenna Unit	有源天线单元
AGC	Automatic Generation Control	自动发电控制
AGV	Automated Guided Vehicle	自动导引车
AI	Artificial Intelligence	人工智能
AMF	Access and Mobility Management Function	接入和移动性管理功能
API	Application Programming Interface	应用程序接口
App	Application	应用程序
AR	Augment Reality	增强现实
BBU	Building Base band Unit	室内基带处理单元
BDS	BeiDou Navigation Satellite System	北斗导航卫星系统
BIM	Building Information Model	建筑信息模型
CA	Carrier Aggregation	载波聚合
CAD	Computer Aided Design	计算机辅助设计
CDN	Content Delivery Network	内容分发网络
CIM	City Information Modeling	城市信息模型

缩略语	英文全称	中文
CPE	Customer Premises Equipment	客户驻地设备
CRM	Customer Relationship Management	客户关系管理
CT	Communications Technology	通信技术
CT	Computed Tomography	计算机断层扫描
C-V2X	Cellular Vehicle-to-Everything	蜂窝车联网
DIMS	Dispatching Intelligent Management System	调度智能化管理系统
DNN	Data Network Name	数据网络名称
DTU	Data Transfer Unit	数据传输单元
F5G	The 5th Generation Fixed Networks	第五代固定网络
FTP	File Transfer Protocol	文件传输协议
GIS	Geographic Information System	地理信息系统
GLONASS	Global Navigation Satellite System	格洛纳斯导航卫星系统
GNSS	Global Navigation Satellite System	全球导航卫星系统
GPS	Global Positioning System	全球定位系统
HIS	Hospital Information System	医院信息系统
I/O	Input/Output	输入 / 输出
ICT	Information and Communication Technology	信息通信技术
ICU	Intensive Care Unit	重症监护治疗病房
ID	Identity Document	识别号
IGV	Intelligent Guided Vehicle	智能导引车
IMT	International Mobile Telecommunications	国际移动通信
IoT	Internet of Things	物联网
IP	Intellectual Property	知识产权
IPTV	Internet Protocol Television	互联网协议电视
IT	Information Technology	信息技术
LAN	Local Area Network	局域网

缩略语	英文全称	中文
LIS	Laboratory Information Managment System	实验室信息管理系统
LNG	Liquefied Natural Gas	液化天然气
LTE	Long Term Evolution	长期演进技术
MCN	Multi-Channel Network	多频道网络
MCU	Micro Controller Unit	微控制单元
MDT	Multi Disciplinary Team	多学科诊疗模式
MEC	Multi-access Edge Computing	多接入边缘计算
MES	Manufacturing Execution System	制造执行系统
MEP	Mechanical Electrical Plumbing	机电管道
MEP	Message Exchange Pattern	消息交换模式
mMTC	massive Machine Type Communication	大规模机器通信
MR	Mixed Reality	混合现实
MSS	Management Support System	管理支撑系统
NFT	Non-Fungible Token	非同质化代币
OA	Office Automation	办公自动化
OBS	Open Broadcaster Software	开源视频录制软件
OBU	On Board Unit	车载单元
OT	Operational Technology	运营技术
PAD	Portable Android Device	平板电脑
PCF	Point Coordination Function	点协调功能
PDT	Police Digital Trunking	警用数字集群
PGW	Packet Data Network Gateway	分组数据网络网关
PLC	Programmable Logic Controller	可编程逻辑控制器
PLM	Product Lifecycle Management	产品生命周期管理
PoE	Power over Ethernet	以太网供电
pRRU	pico Remote Radio Unit	微型射频拉远单元

续表

缩略语	英文全称	中文
PTN	Packet Transport Network	分组传送网
QoS	Quality of Service	服务质量
RB	Resource Block	资源块
RRU	Remote Radio Unit	射频拉远单元
RTCP	Real-time Transport Control Protocol	实时传输控制协议
RTK	Real-Time Kinematic	实时动态
RTP	Real-time Transport Protocol	实时传输协议
RTSP	Real-time Streaming Protocol	实时流协议
RTU	Remote Terminal Unit	远程终端单元
SA	Standalone	独立组网
SaaS	Software as a Service	软件即服务
SCM	Supply Chain Management	供应链管理
SDK	Software Development Kit	软件开发工具包
SFTP	SSH File Transfer Protocol	安全文件传输协议
SIM	Subscriber Identity Module	用户识别模块
SIP	Session Initiation Protocol	会话初始协议
SLA	Service Level Agreement	服务等级协定
SLAM	Simultaneous Localization and Mapping	即时定位与地图构建
SMF	Session Management Function	会话管理功能
SPN	Slicing Packet Network	切片分组网
SSB	Synchronization Signal Block	同步信号块
SSL	Secure Sockets Layer	安全套接层
STN	Smart Transport Network	智能传输网络
TBM	Tunnel Boring Machine	隧道掘进机
ToB	To Business	面向行业企业
ToC	To Consumer	面向消费者

续表

缩略语	英文全称	中文
TSN	Time Sensitive Network	时间敏感网络
UDM	Unified Data Management	统一数据管理
UGC	User Generated Content	用户生成内容
UPF	User Port Function	用户端口功能
uRLLC	ultra-Reliable Low-Latency Communication	超可靠低时延通信
UWB	Ultra Wide Band	超宽带
VoNR	Voice over New Radio	新空口承载语音
VPDH	Virtual Private Dial Network	虚拟专有拨号网络
VPN	Virtual Private Network	虚拟专用网络
VR	Virtual Reality	虚拟现实
WCS	Warehouse Control System	仓库控制系统
Wi-Fi	Wireless Fidelity	无线保真
WMS	Warehouse Management System	仓库管理系统
XR	Extended Reality	扩展现实